입자 가속기 초전도 고주파 시스템

카코 에이지 지음

김은산 옮김

북스힐

역자 서문

최근 가속기 연구자에게 가장 매력 있고 주요한 분야를 하나 꼽으라면 많은 사람들이 초전도 가속기를 꼽을 것이다. 이러한 현상은 초전도 가속기 분야가 그만큼 매력적이면서도 물리학, 전자기학, 기계공학, 저온공학을 바탕으로 하는 연구 분야라는 것을 반증하는 것이다. 국내에는 한글판 초전도 가속기와 관련된 교재 및 번역서는 아직 없는 상황이다. 본 교과서는 Eiji Kako 교수가 일본 KEK 가속기 연구소에서 2014년 및 2006년에 진행한 가속기 스쿨에서 강의한 초전도 가속기 고주파 시스템에 관한 내용을 번역한 것이다. 본 교과서의 내용을 피상적으로 공부하는데서 그친다면 아무런 도움이 않될 것이다. 이 책에 있는 내용을 있는 단순히 이해하는 것이 아니라, 자기 자신이 직접 초전도 가속기를 개발하는 과정을 거쳐 주기를 바라는 것이다. 그것을 위한 하나의 교과서로 이 번역본이 활용되기를 바란다.

초전도 가속기는 현재 전 세계적으로 전자 가속기, 양성자 가속기, 중이온 가속기 및 의료용 가속기 등 모든 종류의 가속기에서 연구 개발이 진행되고 있으며 기틀은 대략 1970년대에 태동되었으며 현재까지도 지속적으로 거듭 발전 되고 있는 상황이다. 특히, 1.3 GHz 초전도 가속기 고주파 시스템은 국외의 자유전자 레이저 가속기에서 구축되어 운영되고 있으며, 향후 국제 선형 충돌형 가속기(ILC)에도 적용 될 가속기여서 이 교과서에서 자세히 다루게 되었다. 본 교과서는 초전도 가속기 고주파 시스템의 연구 개발을 위해 실제적으로 활약할 수 있는 인재 육성 및 확보를 목표로 하며 초전도 가속기 개발에서 얻어진 실제적인 지식을 열거하고 있다.

2023년 10월

고려대학교 대학원 가속기과학과 교수　김은산

차 례

3 초전도 가속관의 전자기 해석

4 초전도 가속기의 고조파 설계

1. 초전도 가속기의 기초

1.1 개 요

본 단원에서는 초전도 가속기의 개요와 초전도 가속관 시스템에 대한 개략을 설명한다. 초전도 가속관에 대한 기본적인 지식을 습득하는 것을 목적으로 하며, 현재 개발이 진행되고 있는 초전도 가속기를 소개함으로써 초전도 가속관 시스템의 전반적인 설명을 한다.

1.2 초전도 가속기

초전도 가속관을 이용하는 가장 큰 이점은 가속관내 표면에서의 고조파 손실이 매우 작다는 것이며 입사하는 고조파 전력의 대부분(전부는 아니다)을 빔에 공급할 수 있으며, 또한, 상전도 가속관에서는 어려운 높은 가속 전기장에서도 연속 운전(CW)이 가능하다는 것이다.

KEK에서는 1988년 TRISTAN(전자-양전자 충돌형가속기)에서 세계 최초로 초전도 가속관 시스템을 대형 가속기에 응용으로 함으로써 큰 성공을 거두었다[1]. 그 후 1990년대에 초전도 가속관의 응용은 KEKB의 가속관[2] 및 crab 가속관[3]으로 발전하였고, 나아가 2000년대 후반부터는 국제 충돌형 선형 가속기(ILC, International Linear Collider)에서

그림 1-1 현재까지 KEK에서 개발되어 빔 운전을 한 초전도 가속관 [1,2,3,4,5,6]

높은 가속 전기장의 펄스 운전을 목표로한 STF 9셀 가속관[4], ERL에서 연속 운전을 목표로 한 초전도 가속관[5,6]의 연구개발이 개시 되었다. 현재까지 KEK에서 개발되어 빔 운전에 성공한 초전도 가속관을 그림 1-1에 정리하였다.

초전도 가속관을 제작하는데 주재료가 되는 고순도 Nb 재료는 고성능 초전도 가속기를 개발하기 위한 중요한 요소 중 하나이다. 이 고순도 Nb 재료를 공급할 수 있는 회사는 전 세계적으로 몇 개소로 한정되어 있으며 그림 1-2에 보이고 있다. 초전도 가속관의 제작을 위해서는 전자빔 용접 등을 포함하여 신뢰성이 높은 특수한 제조 기술이 필요하다. 또한, 다수의 초전도 가속관을 제작하기 위한 양산 기술도 중요한 요소가 되며 초전도 가속관의 제작에 뛰어난 기술을 가진 세계의 몇 회사를 그림 1-3에 정리하였다.

그림 1-2 고순도 Nb 재료의 공급회사(5개소)

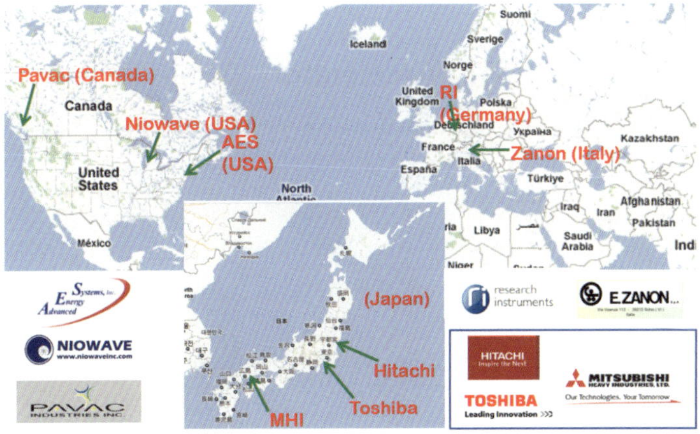

그림 1-3 전 세계에서 초전도 가속관 제조원(8개소)

1.2.1 ILC와 STF

미래의 TeV 에너지 영역에서 전자·양전자 충돌형 소립자 실험을 목표로 한 ILC는 그림 1-4에 나타내듯이 가속기 터널 전체 길이는 마주보는 2개의 선형 가속기와 충돌점에서의 검출기를 포함하여 31 km이며, 1.3 GHz 9셀 초전도 가속관이 약 16,000대가 필요한 초대형 초전도 가속기 프로젝트이다. 그 실현을 목표로 현재 연구 개발이 활발히 이루어지고 있으며 설계 연구가 진행 중이다. ILC의 실용화를 목적으로 하는 초전도 선형 가속기의 개발은

그림 1-4 국제 충돌형 선형 가속기의 개략도 [7]

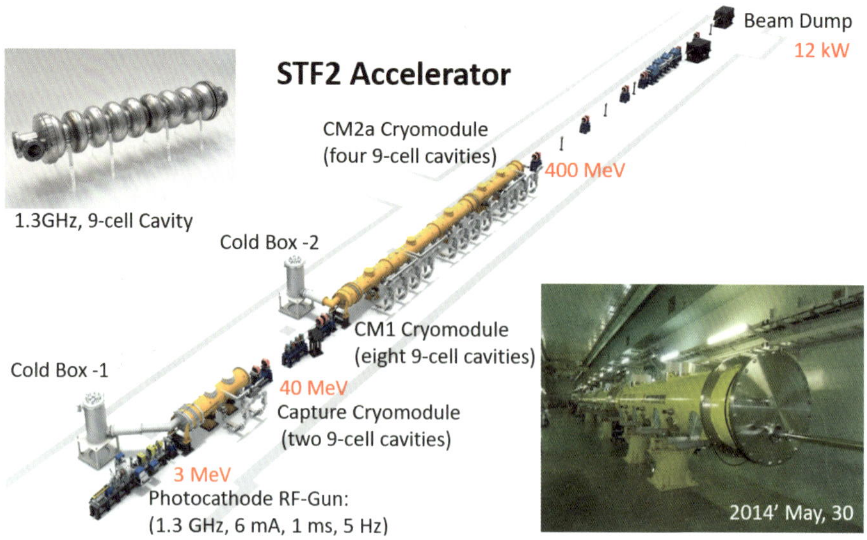

그림 1-5 KEK의 STF2 가속기 [8]

KEK의 초전도 고조파 시험시설(STF, Superconducting RF Test Facility)에서 2005년부터 이루어지고 있으며 현재까지 1.3 GHz 9셀 초전도 가속관이 약 30대가 제작되어 가속관의 저온 고전기장 성능시험, 저온 모듈 조립, 대전력 고조파원을 이용한 고가속 전기장 발생 실험, 빔 가속 운전 등이 지속적으로 이뤄져 왔다. 현재 STF 터널 내에서는 9셀 초전도 가속관 14대로 구성되어 있는 그림 1-5에서 보듯이 STF2 가속기의 건설이 완성되어 지금부터 냉각 시험이 개시되는 중이다. 여기서는 평균 가속 전기장으로서 31.5 MV/m에서의 장기간 안정적인 펄스 운전 실증이 중요한 목표이며 도달 빔 에너지로서 400 MeV까지의 빔 가속이 예정되고 있다.

표 1-1은 STF와 ILC에 관한 각 파라미터의 비교를 보여준다. ILC에서는 빔 에너지가 1000배 이상 증강되기 때문에 같은 가속 전기장에서 운전되는 9셀 초전도 가속관의 갯수도 1000배 이상 필요하다. 마찬가지로 가속관을 냉각하기 위한 냉동기 설비 및 충돌 후 빔 덤프 전력도 1000배 이상이 되어 STF2 가속기에 비해서 ILC가 얼마나 초대형 초전도 가속기 인가를 이해할 수 있다.

1.2.2 3GeV-ERL과 cERL

에너지 회수형 선형가속기(ERL, Energy Recovery Linac)는 빔 에미턴스를 극한까지

표 1-1 STF 및 ILC의 비교

	STF2	ILC
빔 에너지	400 MeV	250 GeV × 2
빔 전류	6 mA	6 mA
펄스 운전	1 ms, 5 Hz	1 ms, 5 Hz
운전 가속 구배	31.5 MV/m	31.5 MV/m
고조파 전력/가속관	200 kW	200 kW
9셀 가속관 수	14	16,000
저온 모듈 수	1.5	1,800
동적 열 부하(2K)	7 W	8 kW
빔 덤프 파워	12 kW	7.5 MW × 2
터널 길이	~ 70 m	31 km

작게 할 수 있고 또한 고강도 빔을 가속할 수 있는 장치이며, 초고휘도 방사광원으로서 기대된다. KEK에서는 미래의 차세대 방사광원으로서 그림 1-6에 나타내고 있는 3 GeV-ERL 계획을 제안하고 있으며, 고휘도 전자총이나 초전도 가속관 등의 연구 개발을 포함하여 설계 연구가 진행 중이다.

미래의 3 GeV-ERL 계획을 실현하기 위해서 요구된 양질의 빔 생성·가속·저장의 실증 시험을 실시하는 것을 목표로, 그림 1-7에 나타내는 소형 ERL(cERL)이 KEK의 ERL 개발동 내에 구축되었다. 여기에서는 입사부와 주가속부에서 서로 다른 형태의 연속 운전에 대응할

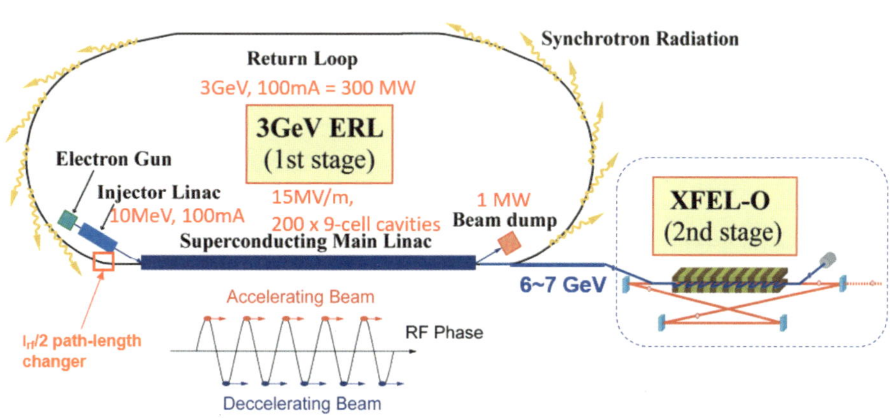

그림 1-6 3 GeV-ERL 개략도 [9]

수 있는 초전도 가속관 시스템을 내장한 저온 모듈의 개발이 이루어져 이들을 이용한 안정적인 빔 가속(및 에너지 회수) 운전이 이루어지고 있다.

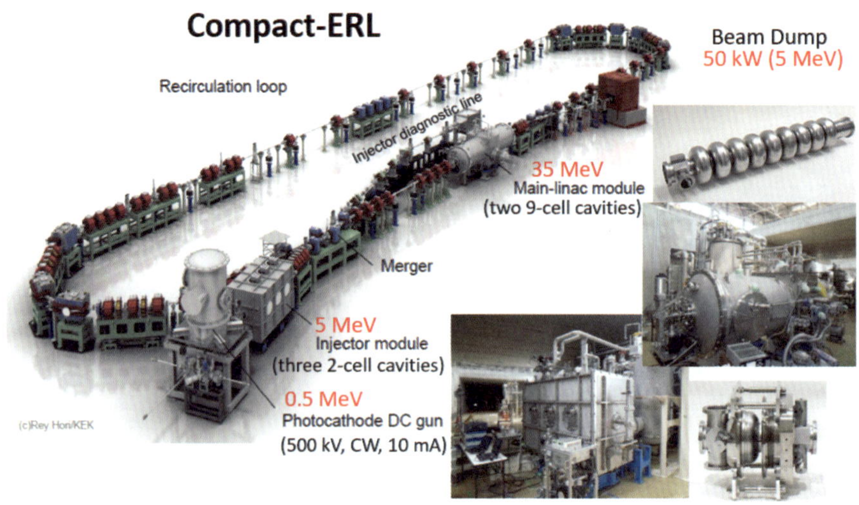

그림 1-7 cERL 가속기 [10]

표 1-2 cERL과 3 GeV-ERL의 비교(위: 입사부, 아래: 주가속부)

입사부 선형가속기	cERL	3GeV-ERL
빔 에너지	5 MeV	10 MeV
빔 전류	10 mA	100 mA
운전 방식	CW	CW
운전 가속 구배	7.5 MV/m	7.5 MV/m
고조파 전력/가속관	17 kW	170 kW
2셀 가속관 수	3	6
주 선형가속기	**cERL**	**3GeV-ERL**
빔 에너지	35 MeV	3 GeV
운전 가속 구배	15 MV/m	15 MV/m
9셀 가속관 수	2	200
빔 덤프 파워	50 kW	1 MW
동적 열 부하 (2K)	50 W	5 kW
빔 파워	350 kW	300 MW

표 1-2는 cERL과 3 GeV-ERL의 각 파라미터들을 비교한다. 3 GeV-ERL의 입사부에서는 빔 에너지가 2배, 빔 전류가 10배로 증강되므로 입력 결합기에 요구되는 고조파 전력이 높아지므로 이 개발이 중요하다. 한편, 주가속부에서는 빔 에너지가 약 100배가 됨으로써 필요한 초전도 가속관이 200대가 되고, 가속관의 열부하도 100배가 되어 연속 운전에 대응할 수 있는 매우 큰 냉동기 설비가 필요하다.

1.2.3 ILC와 ERL

표 1-3은 미래의 대형 초전도 가속기인 ILC와 3 GeV-ERL의 각 파라미터들을 비교하고 있다. 여기서 3 GeV-ERL은 대전류(100mA)를 연속 운전하는 가속기인데 반해, ILC는 높은 가속 전기장(31.5 MV/m)에서 낮은 듀티(1% 이하)의 펄스 운전을 하는 가속기인 것이 특징이다. 이 두 종류의 가속기에 대해서, 요구되는 운전 가속 전기장과 Q값의 관계를 그림 1-8에 나타낸다. ERL용 초전도 가속관의 연속 운전에서 냉동기 부하를 조금이라도 낮추기 위해 가속관 손실이 작고 Q값이 높은 초전도 가속관의 개발이 중요하지만, ILC용 초전도 가속관에서는 가능한 한 높은 에너지를 짧은 거리에서 가속하기 위해 높은 가속 전기장을 달성할 수 있는 초전도 가속관의 개발이 더욱 중요하다.

이러한 가속기들을 위한 가속관 개발에 있어서 전기장 방출 전자(필드 방출)에 의한

표 1-3 ERL과 ILC와의 비교

	3 GeV-ERL	ILC
빔 에너지	3 GeV	250 GeV × 2
빔 전류	100 mA	6 mA
빔 운전	CW	1 ms, 5 Hz
운전 가속 구배	15 MV/m	31.5 MV/m
고조파 전력/가속관	10 kW	200 kW
9셀 가속관 수	200	16,000
저온 모듈 수	50	1,800
동적 열 부하(2K)	5 kW	20 kW
빔 덤프 파워	1 MW	7.5 MW × 2
터널 길이	300 m	31 km

가속관 성능의 저하를 억제하는 것이 공통의 중요한 과제가 되고 있다. ILC와 3 GeV-ERL 가속기의 규모를 비교하기 위해서 필요한 9셀 초전도 가속관의 갯수와 빔 덤프 전력의 비교를 그림 1-9에 나타내고 있다(가로축, 세로축 모두 로그임에 주의). 동시에 기술 개발 실용화를 목표로 한 원리 실증기인 cERL과 STF2부터 미래의 대형 가속기 계획 건설 실현을 위해서는 ERL에서는 약 100배, ILC에서는 1000배 정도의 비약이 필요하다. 어쨌든 철저하고 단계적인 연구 개발 계획의 방안이 필요하다.

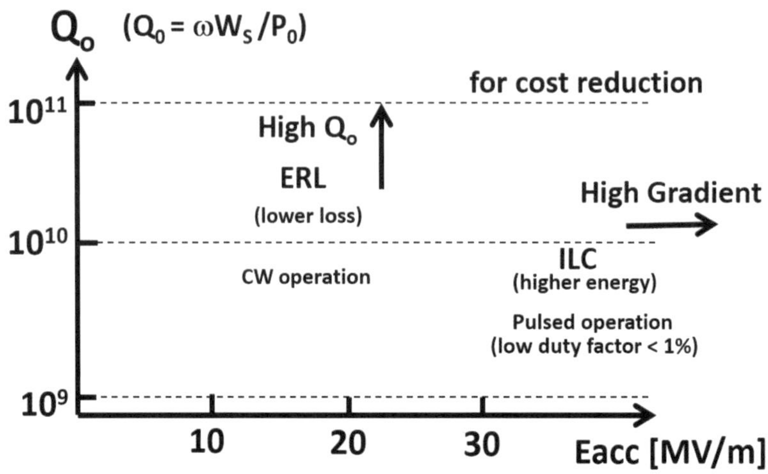

그림 1-8 ERL과 ILC의 가속 전기장과 Q값의 비교

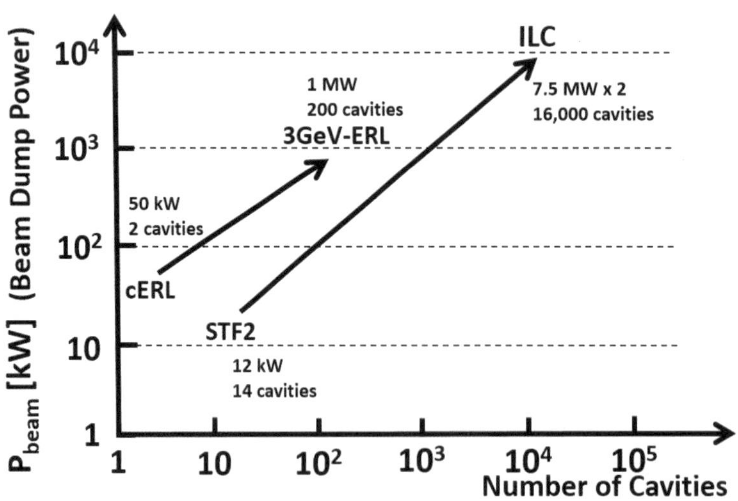

그림 1-9 필요한 1.3 GHz 9셀 가속관수와 빔 덤프 전력의 비교

1.3 초전도 가속관 시스템

초전도 가속관 시스템 개발에 필요한 기반 기술은 그림 1-10에 제시된 바와 같이 폭넓은 범위에 걸쳐 있다. 또한, 그 관련 요소 기술도 그림 1-11에 나타내듯이 다방면과의 제휴를 필요로 한다.

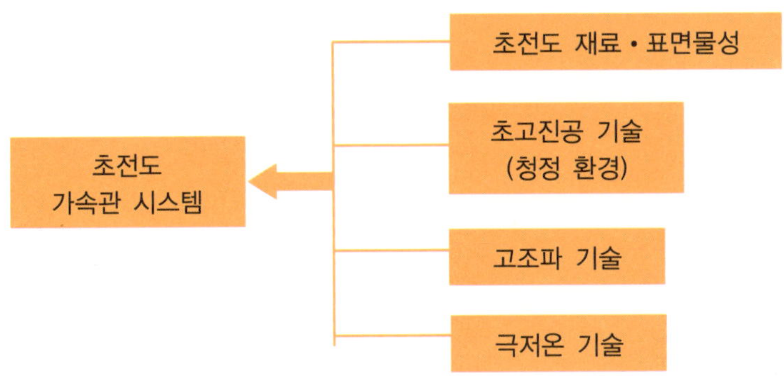

그림 1-10 초전도 가속관 시스템의 기반기술

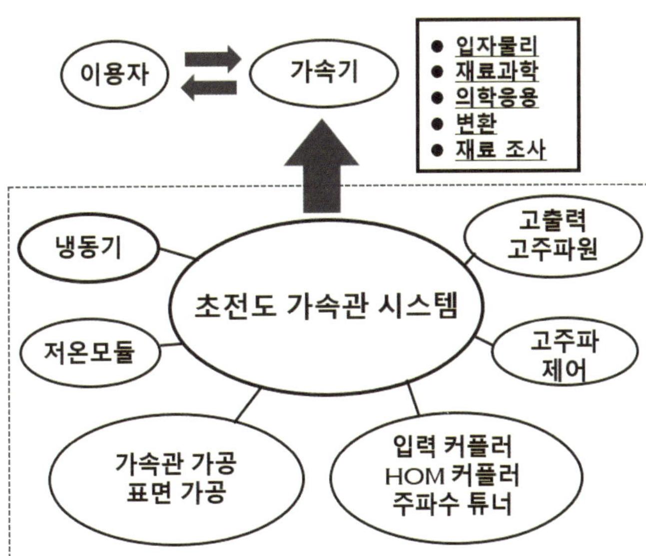

그림 1-11 초전도 가속관 시스템의 요소기술

1.3.1 초전도 가속관 시스템의 구성

초전도 가속관은 그림 1-12에 나타내는 바와 같이 저온 모듈이라고 불리는 진공 용기 내부에 장착되고 액체 헬륨을 이용하여 2 K로 냉각된다. 초전도 가속관은 2 K의 헬륨 가스 회수 배관에 설치하고, 가속관 외부는 5 K와 80 K의 열차폐로 덮인다.

그림 1-13은 초전도 가속관 시스템의 개요 나타낸다. Nb 재료로 제작된 9셀 가속관은 자기 차폐로 덮여 있고, 그 외측은 티타늄제의 헬륨 탱크로 둘러싸여 있으며 스테인리스로 제작된 2 K 액체 헬륨 공급 라인에 접속한다. 가속관의 빔 파이프에는 고조파 커플러가 양단에 각각 1개, 입력 결합기용 포트, 가속 전기장을 측정하기 위한 모니터 커플러용 포트가 있고, 크고 작은 6개소의 포트에는 NbTi 합금제로 제작된 플랜지가 용접되어 있다.

헬륨 탱크에는 주파수 튜너가 원통부 중앙에 장착돼 있다. 이 초전도 가속관 시스템에 있어서, 다음 절에 기술된 Nb 가속관 본체, 그림 1-14에 표시된 고조파원에서 고조파 전력을 가속관으로 공급하기 위한 입력 결합기, 그림 1-15에 표시되는 빔에 유기되는 유해한

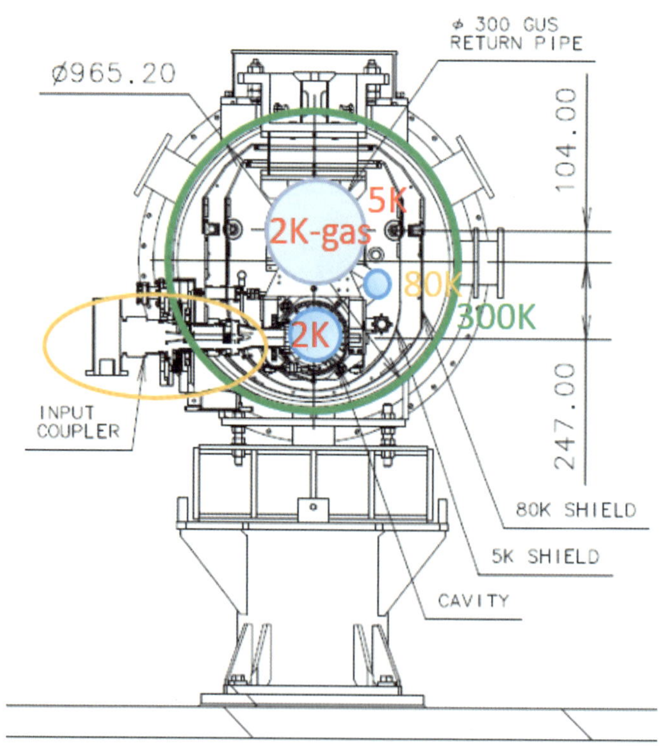

그림 1-12 STF2용 저온 모듈 [11]

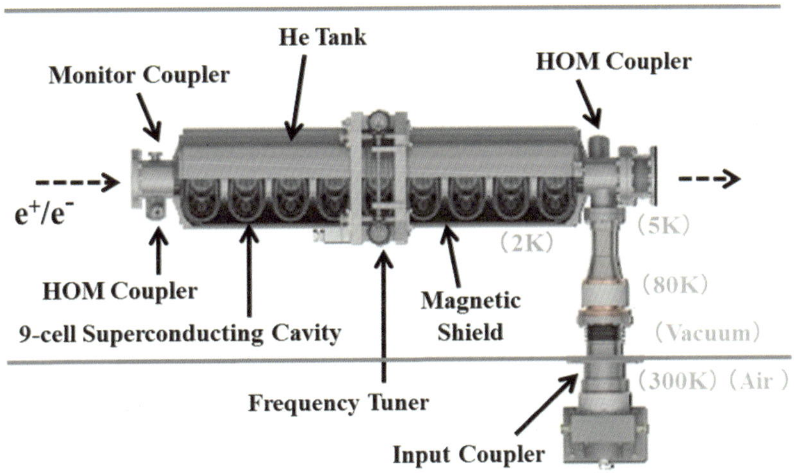

그림 1-13 STF 9셀 초전도 가속관 시스템 [12]

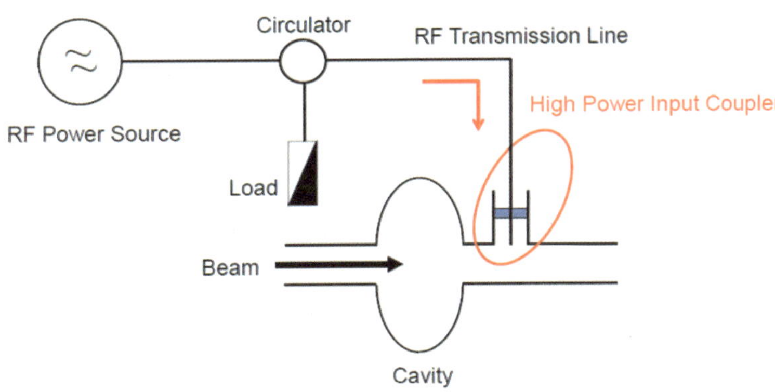

그림 1-14 입력 결합기(입력 커플러)

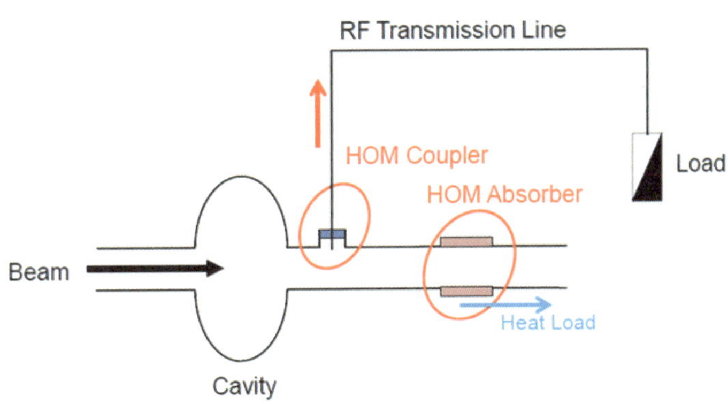

그림 1-15 고조파 결합기(HOM 커플러)

고조파 전력 퇴출을 위한 고조파 모드(HOM, higher order mode) 결합기, 그림 1-16에 나타나는 가속관의 공진 주파수를 조정하기 위한 주파수 튜너가 주요 개발 요소가 된다. 이들 주변 기기에 대해서는 단원 2에서 자세히 설명된다. 초전도 가속관 시스템 전체를 구성하고 실제 제작된 장치가 그림 1-17에 보이고 있다

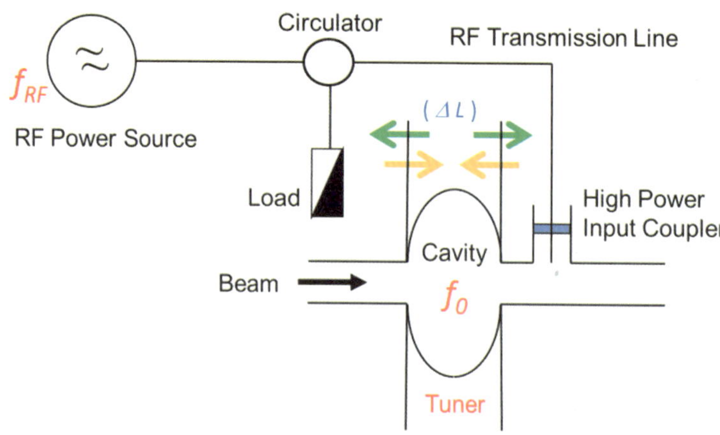

그림 1-16 주파수 튜너

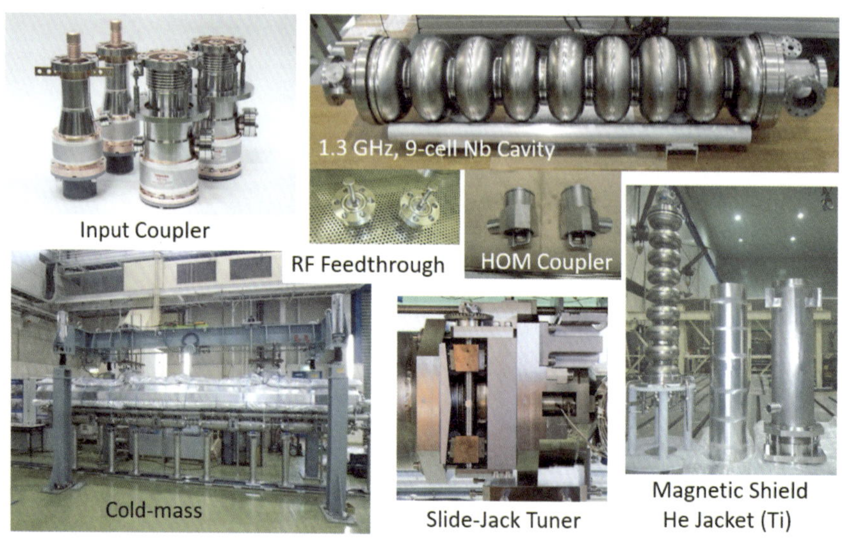

그림 1-17 초전도 가속관 시스템 전체의 구성 부품

1.3.2 초전도 가속관

판두께 2.8 mm 및 외경 260 mm의 고순도 Nb 원판(순도 99.85 %이상, 잔류 저항비 RRR ~ 300)을, 금형을 이용한 프레스 성형에 의한 심가공(deep drawing)으로 1/2 셀을 제작하고, 아이리스를 전자빔 용접(EBW, Electron Beam Welding) 진행하여 덤벨 형상으로 접합한다. 소재의 Nb 원판, 성형 후 1/2셀 그리고 덤벨 형상을 그림 1-18에 나타내고 있으며, 가속관 양단의 가장자리 그룹 및 2대의 가속관의 용접 전의 모든 부품을 그림 1-19에 나타내고 있다. 1/2셀부의 변형에 대한 강도를 높이기 위한 보강링을 아이리스 외측에 레이저 빔 용접(LBW, Laser Beam Welding)으로 접합한 후 덤벨의 적도 부분을 순차적으로 EBW 접합하여 여러대의 가속관을 연결한다. 완성된 STF 9셀 초전도 가속관을 그림 1-20에 나타내고 있다.

그림 1-18 Nb 원판 (좌상), 1/2셀 (우상), 중심셀용 덤벨(우하, 좌하)

그림 1-19 가장자리 셀 그룹(좌), 가속관 부품(우)

그림 1-20 완성한 1.3 GHz, 9셀 초전도 가속관

아이리스부 및 적도부를 접합하기 위한 EBW 조건은, 가속관 성능을 제한할 수 있는 가속관내 표면의 용접 비드 및 주변에서 발생하는 표면 결함을 방지하기 때문에, 특히 중요한 제조 공정이다. EBW 모서리 두께 조정, 모서리 청정화 처리, 빔 파라미터 최적 안정 조건 영역 확대, 장치 청정화 환경, 지그 조립시 청정 관리 등 EBW와 관련된 다양한 개선이 지속적으로 이루어지고 있다. 완성된 가속관은 진공 누설시험, 기밀시험, 3차원 치수검사를 거쳐 주파수 측정, 전기장 분포 측정, 두께 분포 측정 등의 수용검사가 진행되며, 표면처리·열처리를 거쳐 세로측정(horizontal testing)이라 불리는 저온 성능 확인시험으로 순차적으로 공정은 진행된다.

Nb 재료는, 일반적으로 RRR(잔류 저항비, Residual Resistance Ratio)에 의해 평가되며 식 (1-1)에 나타난 바와 같이 상온과 저온에서의 저항값의 비로서 정의된다. 이 RRR은 경험적으로 식 (1-2)에서 나타내듯이 4.2 K에서의 열전도율(k)과 관계 지어진다. 가속관 표면의 결함이나 불순물 위치에서의 국소적인 발열에 의한 초전도 파괴 현상은 가속관 성능을 제한하는 원인 중 하나이다. 매우 단순한 모델로서 반경(a)에서 표면 저항(R_{defect})을 갖는 상전도의 표면 결함에 의해 초전도 파괴가 발생하는 표면 자기장(H_{quench})을 식 (1-3)에 나타난다.

$$RRR = \frac{\rho(300\,K)}{\rho(9.2\,K)} \tag{1-1}$$

$$k(4.2\,K) \approx RRR/4\ [\mathrm{W/m \cdot K}] \tag{1-2}$$

$$H_{quench} = \sqrt{\frac{4k(T_c - T_{He})}{a\,R_{\mathrm{defect}}}} \tag{1-3}$$

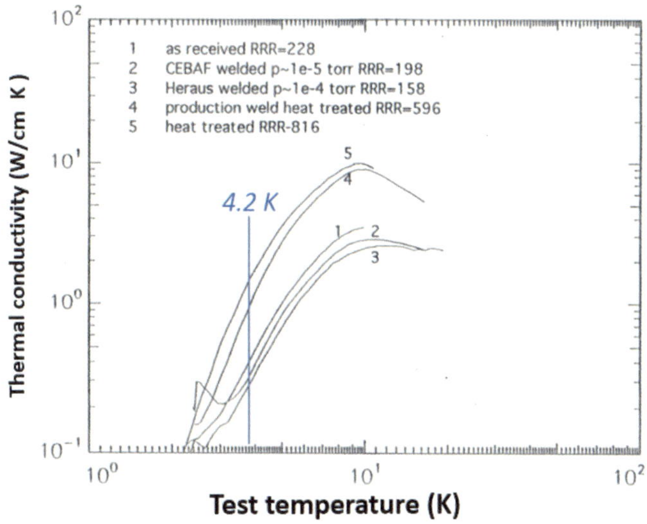

그림 1-21 순수 Nb 재료의 열전도율

여기서, T_c 와 T_{He} 는 Nb의 임계 온도와 헬륨 온도이다. 같은 크기의 표면 결함이 존재하다고 가정하면, Nb의 열전도율을 높이는 것(고 순도화)이 가속관 성능의 향상에 큰 기여를 한다는 것을 알 수 있다. 한편, Nb의 고순도화는 기계 강도를 저하시키는 것에 주의를 요한다. 고순도 Nb 재료의 열 전도율 온도 의존성을 그림 1-21에 나타내며, 여기서 식 (1-2)을 개략적으로 확인할 수 있다.

1.3.3 고압 가스 대응 및 초전도 가속관

저온 모듈에 장착된 초전도 가속관을 이용하여 빔 운전을 하는 가속기에서는 고압 가스 보안법을 준수하는 초전도 가속관의 제작이 필수적이다. STF 9셀 초전도 가속관은 그림 1-22에 나타내는 가속관 단면 구조를 가지며, 그 구성 재료와 용접 방법을 표 1-4에 나타낸다. 초전도 가속관의 구성 재료로써 순수 Nb, NbTi 합금, 순 Ti 2종 재료가 이용되며 같은 소재들 및 다른 소재간의 용접부는 EBW, LBW나 TIG 용접으로 접합된다. 이들 소재나 용접 접합부의 재료에 대해서는 그림 1-23에 나타낸 것처럼 인장 시험이나 충격 시험 등을 실시하여 얻을 수 있는 기계 강도시험의 결과가 허용치 이상임을 나타낼 필요가 있다.

또한 응력 해석이나 피로 해석 등의 강도 계산 결과를 포함한 상세 기준 사전 평가

신청서를 작성하여, 사전에 제작의 승인을 얻어야 한다. 실제 가속관 제작시에는 강도 계산서, 재료 증명서, 용접 시공법 확인 시험기록, 용접 요령서, 내압·기밀시험 절차서 등을 첨부한 고압 가스 시험 신청서를 작성하여, 전문가 입회에서 내압·기밀시험을 실시해야 한다. Nb 가속관 본체 완성시의 내압·기밀시험 모습을 그림 1-24에 보이고 있다. 가속관 성능의 확인 후에는 Ti제 자켓이 용접되어, 그림 1-25에 나타낸 바와 같이 최종 내압·기밀시험이 실시된다. 이 시험 성적서를 제출함으로써 각 가속관마다 합격증이 발급된다. 이러한 일련의 절차를 완료함으로써 저온 모듈로의 초전도 가속관 조립 개시가 가능해진다.

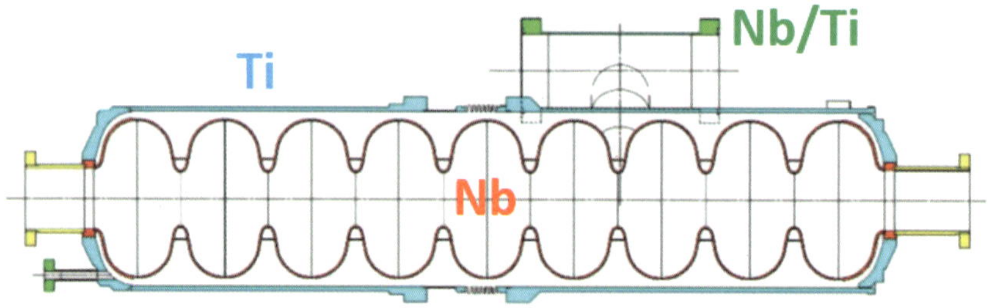

그림 1-22 9셀 초전도 가속관의 제작도(색 분류는 다른 재료를 나타낸다)

표 1-4 9셀 초전도 가속관의 구성 재료

재 료	장소, 용접방법
Nb	가속관 본체
Ti	헬륨탱크 자켓
NbTi	플랜지부
Nb-Nb 접합	EBW, LBW
Nb-Ti 접합	EBW
Ti-Ti 접합	TIG
NbTi-Ti 접합	TIG
NbTi-Nb 접합	EBW, LBW

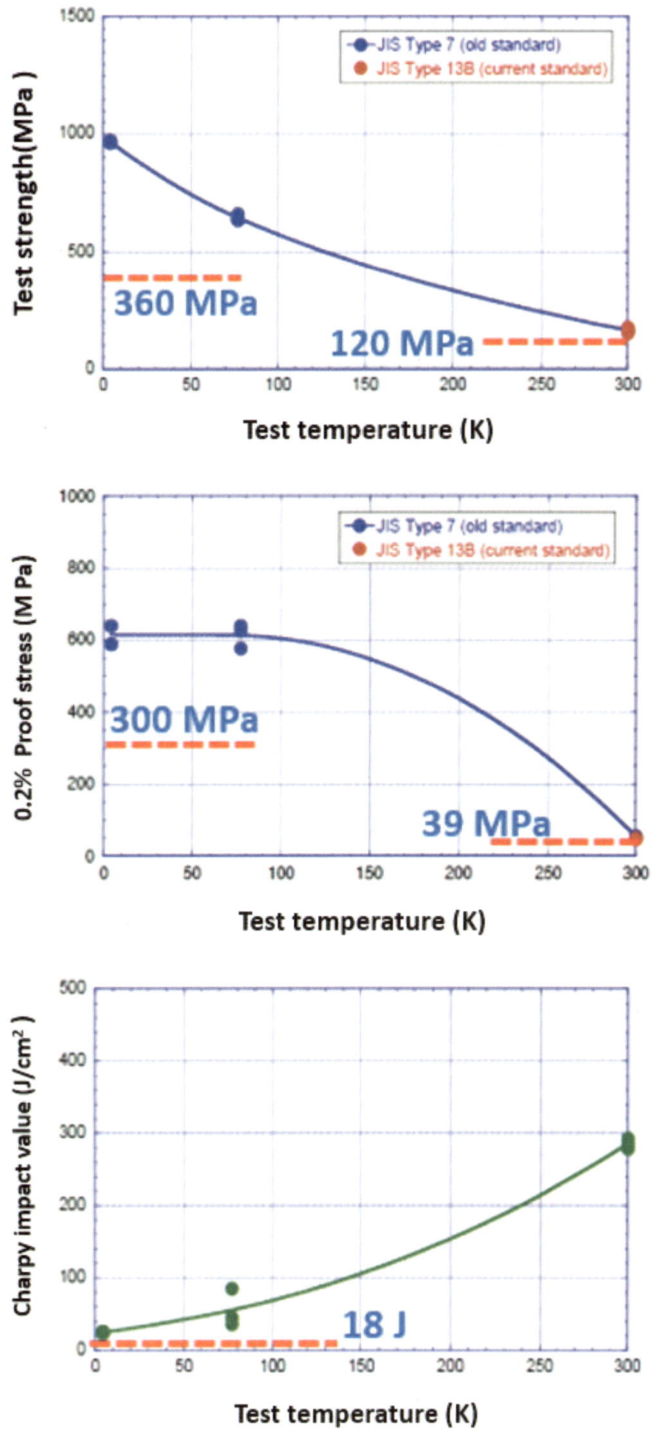

그림 1-23 순수 Nb 재료의 기계 강도 온도 의존성과 허용치
(위) 인장 강도, (중간) 0.2 % 내력, (아래) Charpy 충격시험 [14]

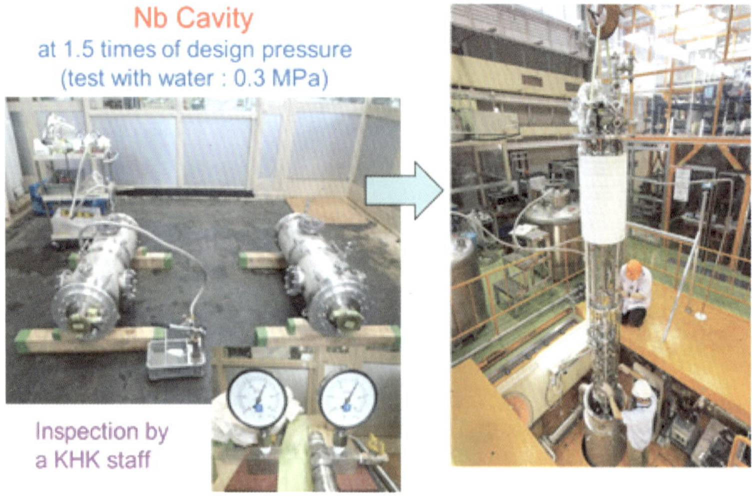

그림 1-24 Nb 9셀 초전도 가속관 본체의 수압에서 내압·기밀시험

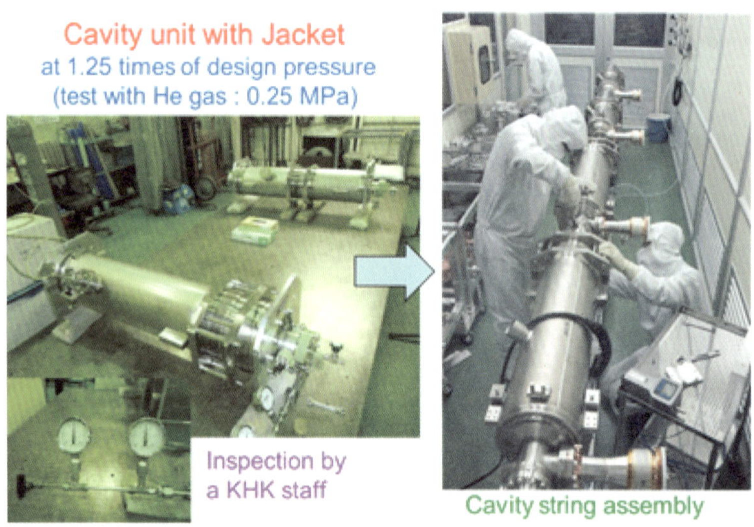

그림 1-25 Ti 자켓을 장착한 9셀 초전도 가속관의 기체에서 내압·기밀시험

1.3.4 초전도 가속관 모듈 시험

지금까지 STF 터널내에 설치되어 대전력 시험이 수행된 STF-1 저온 모듈, S1-G 저온 모듈, 그 후 일단 모두 철거되고 빔 가속 시험이 수행된 STF-2 저에너지 저온 모듈, 그리고 최근 건설이 완료된 12개 가속관을 장착한 STF-2 저온 모듈을 그림 1-26에 보이고 있다.

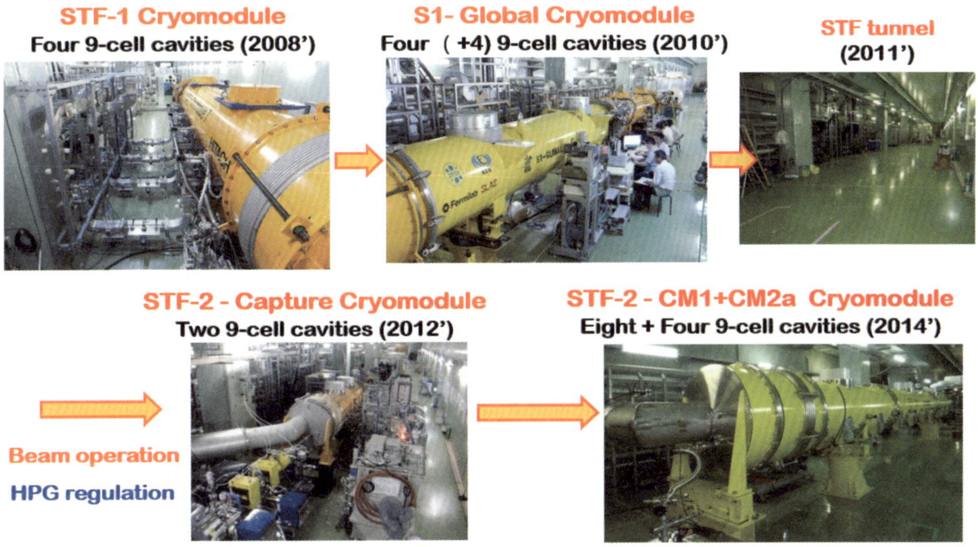

그림 1-26 초전도 고조파 시험시설(STF) 터널에 구축된 저온 모듈 [15,16,17,18]

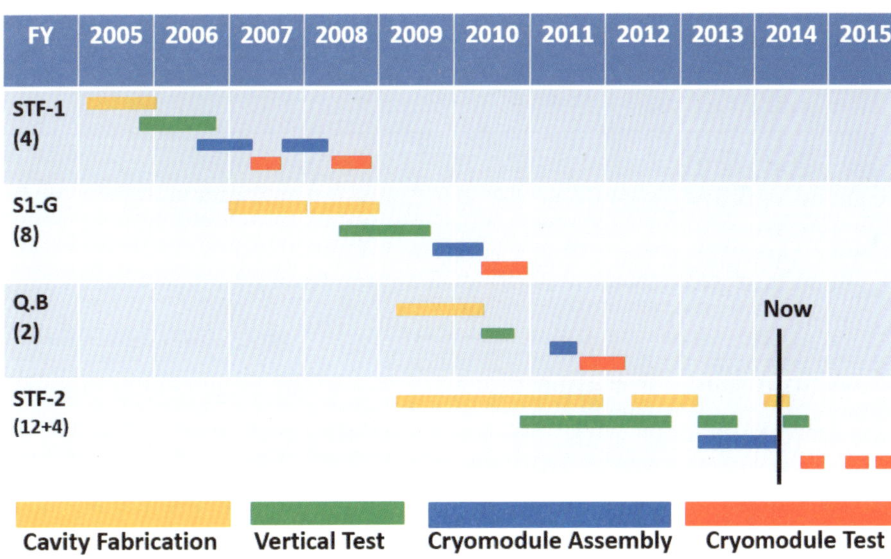

그림 1-27 2005년부터 약 10년간 STF의 저온 모듈 구축 현황

이들 4 대의 저온 모듈의 건설·시험이 행해진 지난 10년간의 현황을 그림 1-27에 보이고 있다.

초전도 가속관의 제작을 개시하고 가속관의 성능확인 시험을 거쳐 저온 모듈을 조립하고 터널에 설치하여 대전력 시험을 실시까지는 짧게는 3~4 년이 소요된다. 앞으로 빔 시험이 예정된 STF-2 저온 모듈은 가속관 제작 개시부터 7 년이 경과하게 된다. 이는 장기간에 걸친 저온 모듈의 개발에 있어서 그 시험 결과를 차세대 초전도 가속관 시스템의 개선책으로 피드백하는데 상당한 시간이 필요하다는 것을 의미한다.

1.4 요 약

초전도 가속기는 신뢰성이 높은 장치 개발에 중점을 두고 진행되며, 그 건설은 단계적으로 진행하는 것이 중요하다.

초전도 가속관 시스템은 저온 모듈을 포함하여 가속관 본체와 주변 장치가 시스템 전체로서 서로 잘 들어맞는 설계로 진행되는 것이 본질적으로 중요하다.

초전도 가속관 시스템의 개발은 장기간에 걸쳐 이루어진다는 점을 염두에 두고 적절한 연구 개발 계획으로 실시해야 한다.

1.5 참고 문헌

[1] S. Noguchi, et al., Status of TRISTAN Superconducting RF Program, Proceedings of 3rd Workshop on RF Superconductivity, Chicago, USA (1987) 605–624

[2] T. Furuya et al., "Opeartion Status of the KEKB Superconducting Damped Cavity", Proceedings of 11th Workshop on RF Superconductivity, Tsukuba, Japan (2001) 599–601

[3] K. Hosoyama et al., "Crab Cavity Development", Proceedings of 12th Workshop on RF Superconductivity, Cornell University, Ithaca, NY, USA (2003) 439–445

[4] 加古永治、「ILC用超伝導空洞の開発」低温工学48 (2013) 415–425

[5] E. Kako et al., "High Power Tests of Injector Cryomodule for Compact-ERL", IPAC2013, Shanghai, China (2013) 2340–2342

[6] K. Umemori et al., "Construction of Main Linac Cryomodule for Compact ERL Project", IPAC2013, Shanghai, China (2013) 2349–2351

[7] ILC Technical Design Report: http://www.linearcollider.org/about/Publications/Technical-Design-Report

[8] 早野仁司、「ILCに向けた超伝導加速器技術開発」, 第11回日本加速器学会年会予稿集, 青森市 (2014) SUOM03

[9] ERL Conceptual Design Report: KEK Report 2012-4, October 2012 A/M

[10] S. Sakanaka et al., "Progress in Construction of the 35 MeV Compact Energy Recovery Linac at KEK,IPAC2013, Shanghai, China (2013) 2159-2161

[11] 大内徳人、加古永治、他、「S1- Global: 国際協力によるクライオモジュールの建設」, 高エネルギーニュース, Vol. 29, No. 2 (2010) 70 -77

[12] 加古永治、「超伝導空洞の高周波設計」OHO'06セミナー (2006) 7-1~7-29

[13] G. R. Mynem, Private Communication

[14] 仲井浩孝、他、「ILC超伝導加速空洞およびクライオモジュール用材料の低温引張試験」低温工学 48 (2013) 436-444,および、仲井浩孝、他、「ILC超伝導加速空洞およびクライオモジュ'ール用材料の低温シャルピー衝撃試験」低温工学48 (2013) 445-450

[15] E. Kako, et al., "Cryomodule Test of Four TESLA-like Cavities in the Superconducting Test Facility at KEK", Phys. Rev. ST-AB, 13, 041002, (2010)

[16] E. Kako, et al., "S1-Global Module Tests at STF/KEK", Proceedings of IPAC2011, San Sebastian, Spain (2011) 38-40

[17] 山本康史、他、「KEK-STFにおける量子ビーム実験のためのキャプチャークライオモジュールの建設とビーム運転」, 第9回日本加速器学会年会予稿集, 豊中市 (2012) 1127-1132

[18] 宍戸寿郎、他、「STF2用 1.3GHz 9セル超伝導空洞から構成される Cryomoduleの現状」, 第11回日本加速器学会年会予稿集, 青森市 (2014) MOOL12

2. 초전도 가속기의 주변 장치 기술

2.1 개 요

본 단원에서는 초전도 가속관 시스템의 주요 주변 장치인 입력 결합기, 고조파 결합기, 주파수 튜너에 대한 설계 및 제작에 관한 유용한 지식, 개별 장치 시험 및 운전상 주의점 등에 관하여 그 동안의 경험을 기반으로 기술적 관점에서 설명한다.

2.2 입력 결합기(입력 커플러)

입력 결합기는 고조파원에서 고조파 전력을 고조파 가속관 및 빔에 공급하기 위해 이용되는 중요한 장치이다. 초전도 가속관에서는 공간적 제약이나 열 침입를 억제한다는 관점에서 동축형 구조가 적합하며, 가속관에서 반사 고조파 전력을 최소한으로 낮추기 위해 가속관과 빔 부하를 합친 결합 조건에 최적화하는 것이 중요하다. 빔 전류의 변화를 수반하는 운전에서는 결합도를 가변으로 하는 기구가 필요하다.

입력 결합기는 초전도 고조파 가속관 시스템 중에서도 가장 중요한 구성품의 하나이며, 그 중에서도 세라믹스를 이용하는 고조파 창은 높은 신뢰성이 요구되는 부품이다. 입력 결합기는 설계, 제작, 시험, 운전 등에 있어서 여러 가지 중요한 기술적 요소를 포함하고

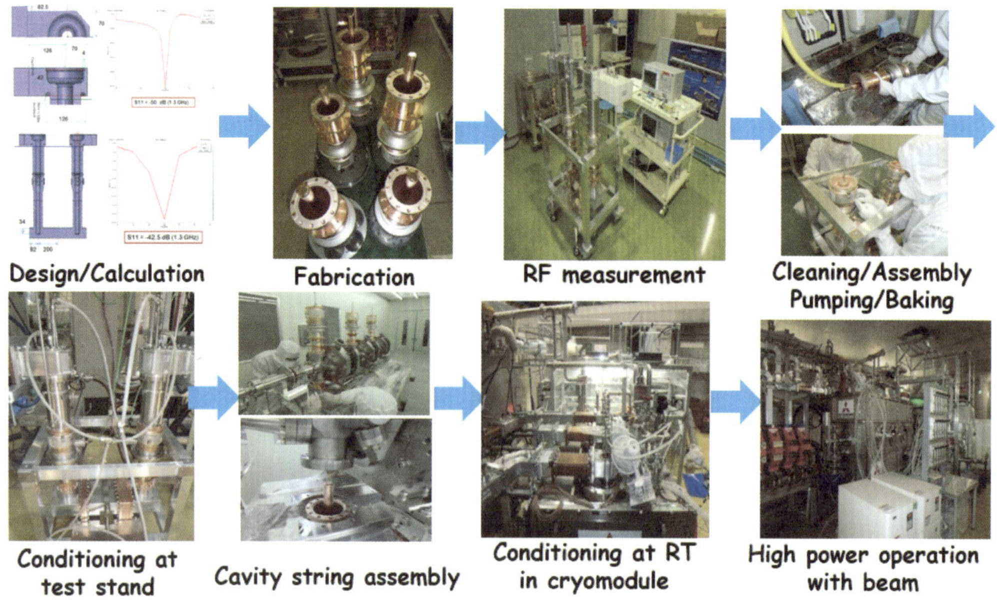

그림 2-1 입력 결합기 설계부터 빔 운전까지 전체 공정(cERL 입사기의 연속 입력 결합기)

있다. 입력 결합기의 설계부터 빔 운전까지 필요한 다방면에 걸친 과정을 그림 2-1에 정리하여 나타내고 있다.

2.2.1 입력 결합기 제작기술

1) 세라믹스 고조파 창

고조파 창에는, 그림 2-2에 나타내는 동축 평판형과 그림 2-3에 나타내는 원통형 세라믹스를 이용하는 두 종류가 있다. 사용하는 세라믹스는 열전도율, 열응력, 유전율, 순도 등의 특성을 고려한 적절한 선택이 중요하다. 초전도 가속관 설치시 먼지 유입 등의 오염을 피하기 위해 청정실 내에서 조립할 수 있는 구조로 하는 것도 중요하다. 가속관 근처 저온부에 설치되는 고조파 창에서는, 냉각시 열수축에 의한 열 왜곡 응력으로, 갈라짐이 발생하여 파손될 위험이 있으므로 주의를 요한다.

그림 2-2 원축 평판형 세라믹스 STF를 위한 초크 구조를 갖는 Tristan형 고조파 창 [1]

그림 2-3 원통형 세라믹스(E-XFEL을 위한 TTF-3형 원통 고조파 창) [2]

2) 금속화, 용접, 코팅

세라믹스와 금속을 접합하기 위한 금속화는 고도의 신뢰성이 요구되는 중요한 기술이다. 통상 몰리브덴과 망간(Mo-Mn)을 주성분으로 하는 혼합물 페이스트를 세라믹스 접합부에 코팅하여 소결시켜 금속화를 진행한다.

금속화된 세라믹스와 금속 및 금속 부품끼리 접합하기 위한 용접은 진공로 혹은 수소로를 이용하여 통상 2단계로 이루어진다. 첫 번째 용접에서는 구리/금계 혼합물을 용접 재료로서 1000℃ 부근에서 실시하고, 두 번째로는 구리/은계 혼합물을 용접 재료로서 800℃ 정도에서 실시된다.

세라믹스 표면은 높은 2차 전자 방출 계수를 가지므로 고조파 전자기장에 의한 멀티팩팅 현상을 억제할 목적으로 10 nm 정도 두께의 TiN 코팅이 진공측 표면에 이루어진다. 질화티타늄 박막의 형성을 위해서는 질소 가스 분위기 중에서 Ti를 박막 증착하는 방법과 암모니아 분위기 중에서 Ti를 TiN으로 전환하여 증착하는 방법이 있다.

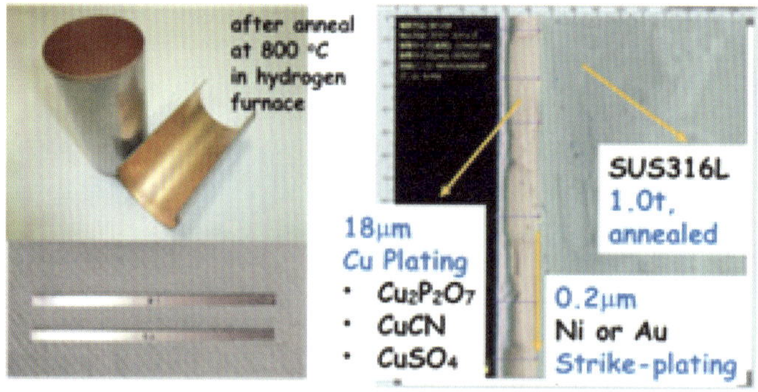

그림 2-4 구리 도금 시료(좌)와 단면 관찰(우) [3]

3) 구리 도금

입력 결합기는 상온부와 저온의 가속관이 직접 연결되므로 냉각시 열수축에 의한 변형 응력 완화와 열 침입 저감은 중요한 과제이다. 발생 응력의 완화를 위하여 스테인리스제 벨로우즈가 내외도체에 삽입되고, 그 내면에는 고조파 손실을 저감하기 위하여 구리 도금이 이루어진다. 고조파 손실에 의한 동적 열손실을 생각하면 전기 전도도가 높은, 즉 열 전도도가 높고 고순도의 구리 도금이 적합하다.

한편 외부로부터 정적인 열 침입를 억제하기 위해서는 순도가 낮고 열 전도율이 낮은 구리를 가능한 한 얇게 도금하는 것이 바람직하다. 이 상반된 조건을 양립시키기 위해서 입력 결합기의 저온부의 외도체에는 0.8 mm 두께 스테인레스에 5 μm 정도 얇은 구리

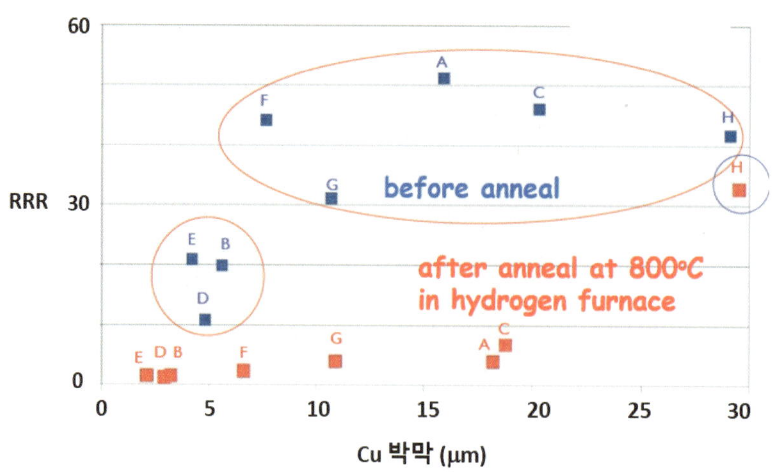

그림 2-5 구리 도금 시료에서 800℃ 열처리(용접 온도) 전후에 있어서 RRR의 변화 [3]

도금이 이용되었다. 이때 구리 도금 시료와 그 단면 관찰 결과를 그림 2-4에 나타내고 있다. 구리 도금에는 소재와의 밀착성이 좋고 부풀림과 얼룩이 없으며 균일한 두께가 형성되게 하는 것이 중요하다.

구리 도금에서 사용하는 용액의 종류(필로인산동, 시안화동, 황산동)와 도금 두께를 바꾼 시료를 여러 종류 제작하여 수소로에서 800℃의 열처리 전후에서 구리 도금의 RRR(순도의 지표가 되는 식 (1-1) 참조)을 측정한 결과를 그림 2-5에 나타낸다. 이 결과로부터 고조파 손실에 의한 발열량 증가는 열처리 후 현저한 구리 도금 순도 저하가 원인 중 하나임이 이해되었다.

4) 청정

초전도 가속관의 성능 악화를 일으키는 먼지나 오염 물질을 조립시에 가속관내로 반입되지 않도록 가속관의 진공 환경과 같은 수준으로 입력 결합기의 청정화를 행하는 것은 중요한 공정이다.

제작 공정에서 청정 환경 정비, 완성 후 청정실내에서 초순수에 의한 저압수 세정, 클래스 10 실내에서 건조, 이온총을 이용한 미세 먼지 및 미립자 제거, 초전도 가속관에 대한 주의 깊은 설치 작업 등이 중요하다.

2.2.2 입력 결합기 설계기술

입력 결합기는 아래 사항에 주의하여 설계할 필요가 있다.

- 고조파 특성 매칭 조건
- 고조파 손실 평가
- 고조파 발열에 의한 온도 분포
- 응력・강도 계산

1) 고조파 설계

운전 주파수에서 각 기기의 고조파 특성 최적화는 입력 결합기 설계에 있어서 기본적인 과제이다. 고조파 창은 초크 구조를 가지며 동축부와 매칭을 취할 수 있는 형상 크기가 최적화되어 손잡이형(도어노브형) 동축 도파관 변환기를 이용하여 대전력 고조파 시스템에 접속한다. 또한 입력 결합기의 대전력 시험을 수행하기 위해서는, 진공 용기로서 결합 도파관이 필요하다. 이것들의 구성품 전체를 일체화한 STF-2의 입력 결합기에 대해서, HFSS을 이용하여 설계한 결과와 제작한 각 구성 기기를 그림 2-6에 보이고 있다.

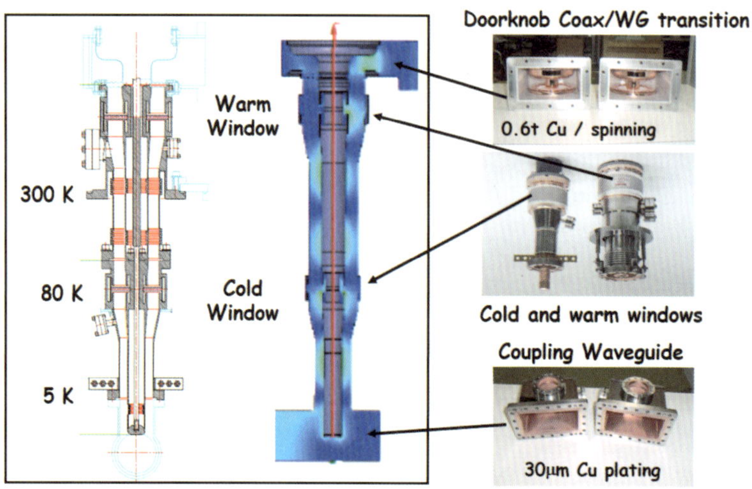

그림 2-6 HFSS에 의한 고조파 설계(STF-2입력 결합기) [1]

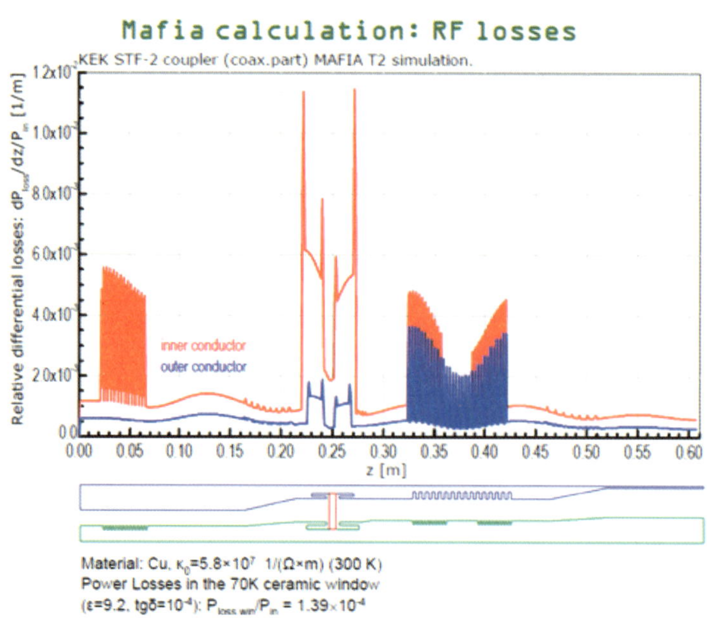

그림 2-7 고조파 손실의 계산 설계(STF-2입력 결합기) [4]

2) 고조파 손실

그림 2-7은 STF-2 입력 결합기에 대해 수행한 고조파 손실 시뮬레이션 결과를 보이고 있다. 여기서는 입력 결합기의 표면 전류 분포와 구리 도금의 전기 전도도, 고조파 창의 세라믹스의 유전 손실 등의 파라미터를 입력하여 계산되었으며 내외도체 벨로우즈와 초크 구조 부분에서 고조파 손실이 크다는 것을 알 수 있다. 입력 결합기 제작에 이용되고 있는 스테인리스, 구리 도금, 알루미나, Nb에 대해서 이들 구성 재료의 전기 전도도와 열 전도도의 저온에서 온도 의존성을 그림 2-8에 보이고 있다.

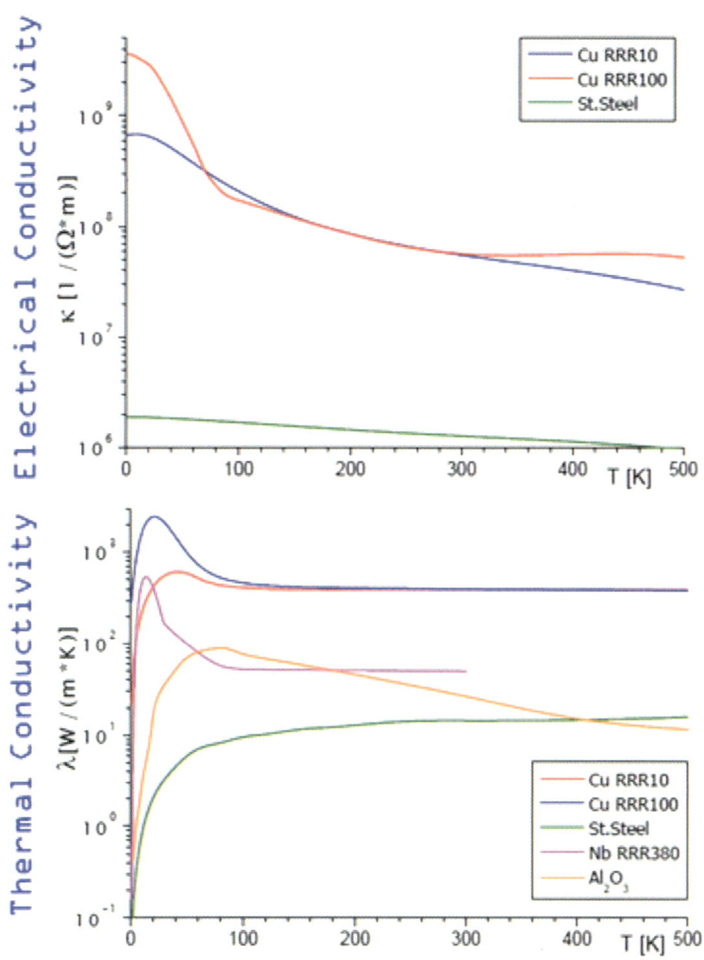

그림 2-8 구성 재료에 대하여, 전기 전도도(위)과 열전도도(아래)의 저온에서의 온도 의존성 [4]

3) 고조파 발열에 의한 온도 분포

위의 고조파 손실 계산 결과를 이용하여 수행한 STF-2 입력 결합기에서 평균 입사 고조파 전력 2.5 kW에 대한 표면 온도 분포를 그림 2-9에 나타낸다. 여기서는 고조파 손실에 의한 발열량, 스테인리스 재료와 구리 도금의 두께와 열 전도율을 입력 파라미터로서 표면 온도 분포가 계산되고 있다. 입력 결합기의 외도체는 열 앵커에 의해 2 K, 5 K, 80 K, 300 K로 온도가 고정되어 있지만, 내부 도체의 앞부분에서는 300 K 부근까지 온도가 상승하고 있는 것을 알 수 있다.

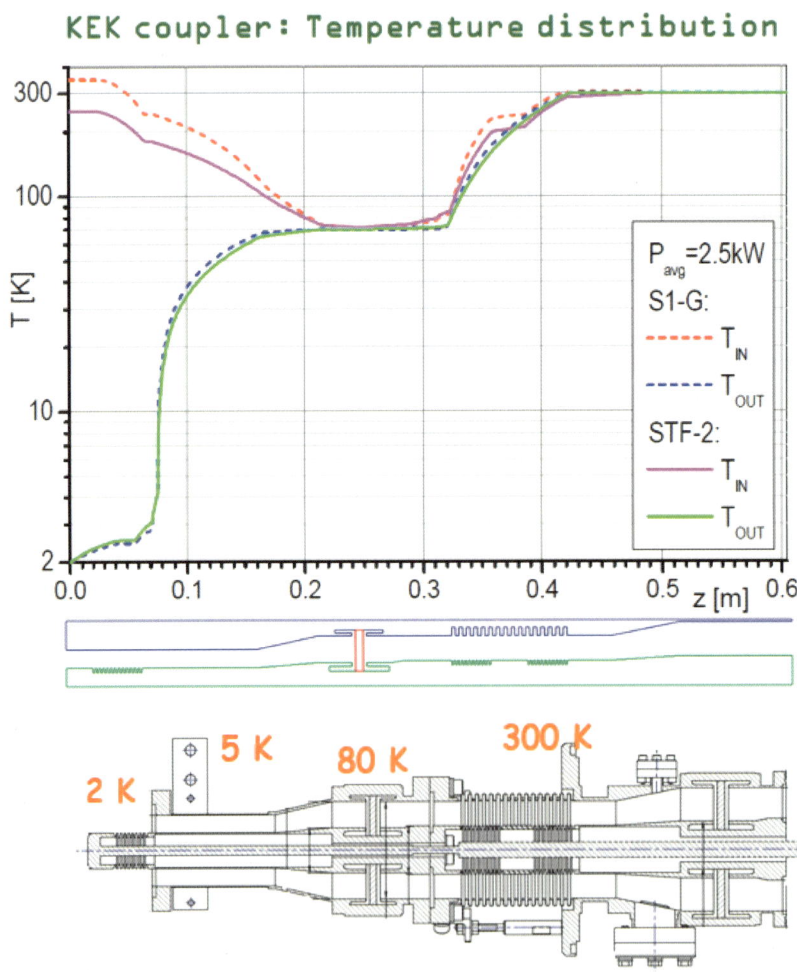

그림 2-9 고조파 손실에 의한 발열의 계산(STF-2 입력 결합기) [4]

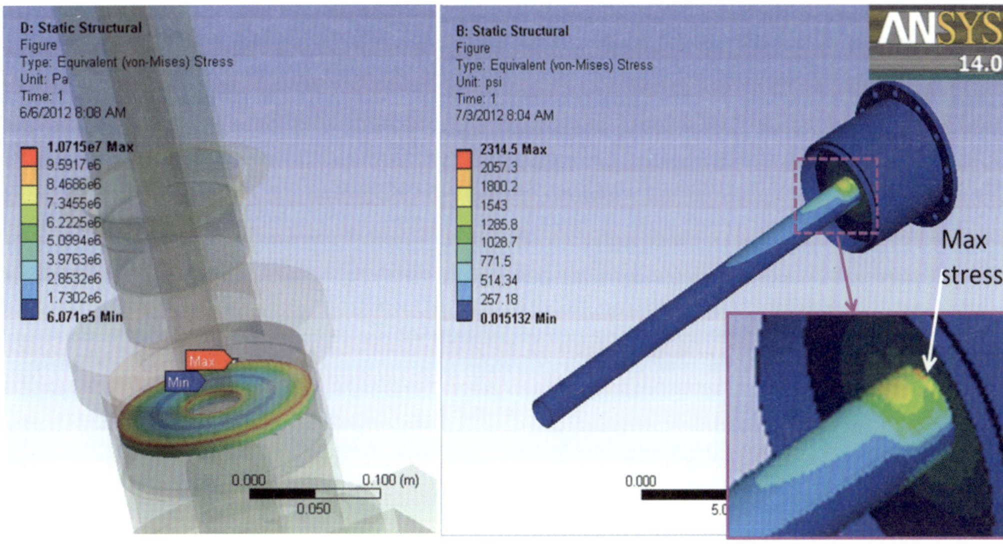

그림 2-10 ANSYS에 의한 기계 강도의 계산(IFMIF 입력 결합기) [5]

4) 발생응력, 기계강도

입력 결합기의 내도체는 고조파 창 세라믹스의 금속화 접합부의 기계적 강도에 의해 유지되고 있다. IFMIF(International Fusion Materials Irradiation Facility) 입력 결합기에 대해 ANSYS를 이용하여 기계 강도에 대한 계산 결과의 한예를 그림 2-10에 나타낸다. 접합부 주변에서의 응력 집중이 허용 응력 이하인 것을 확인할 수 있다.

2.2.3 입력 결합기의 구조

초전도 가속기 운전 조건에 따라 적절한 입력 결합기 구조를 선택하는 것이 중요하다. 여기서는 이하의 입력 결합기의 다른 구조에 관하여 논의한다.

- 고조파 창의 수(1겹 혹은 2겹)
- 결합도의 가변기구의 유무
- 발열에 대한 냉각법
- 복수 입사에서의 입력 결합기

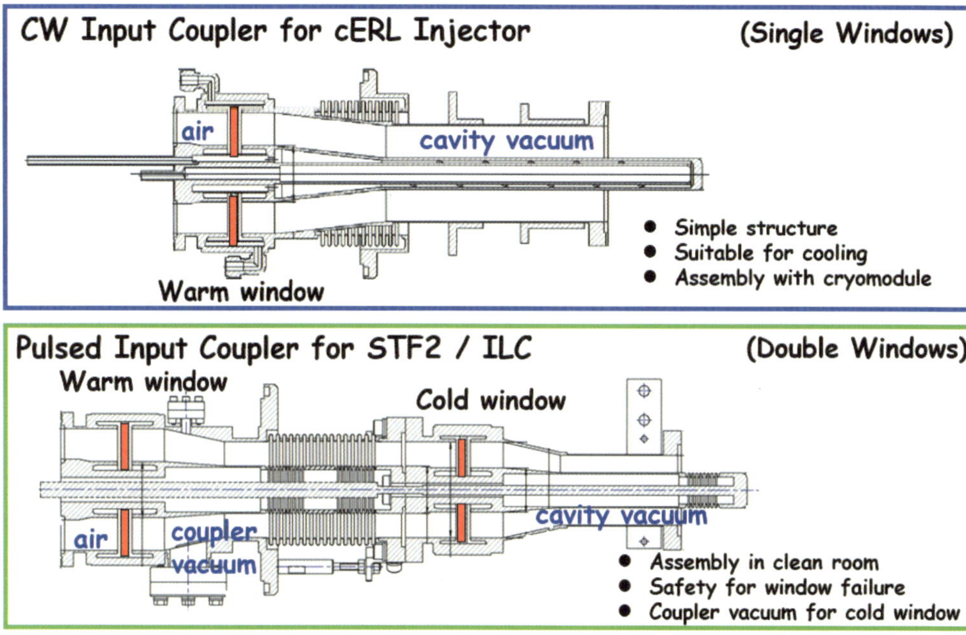

그림 2-11 1겹 고조파 창(위, cERL 입력 결합기[6]) 및 2겹 고조파 창(아래, STF-2입력 결합기[1])

1) 1겹 및 2겹 고조파 창

청정실에서 초전도 가속관에 입력 결합기를 장착하는 것은 필수이며 저온부의 고조파 창을 이용하여 2겹창으로 하는 것이 바람직하지만 작은 저온 모듈의 구조에 대해 고안을 하면 1겹창으로도 가능해진다. 1겹과 2겹의 고조파 창을 갖는 입력 결합기를 그림 2-11에 나타낸다.

반복율이 적고 듀티가 작은 펄스 운전에서는 냉각의 필요성이 없어 구조가 복잡해지지 않으므로 청정실 내에서 조립이 용이하며 창 파손시 안전성 관점에서도 2겹창이 선택된다. 반면 연속 운전에서는 냉각에 적합한 단순한 구조를 선호하며, 1겹창이 이용되는 경우가 많다.

2) 결합도 가변기구

앞 단원에서 설명한 바와 같이 빔 전류를 변경하는 초전도 가속기에 있어서는 입력하는 고조파 전력을 최소화하여 전력 효율을 높이기 위해 입력 결합기의 결합도를 가변으로

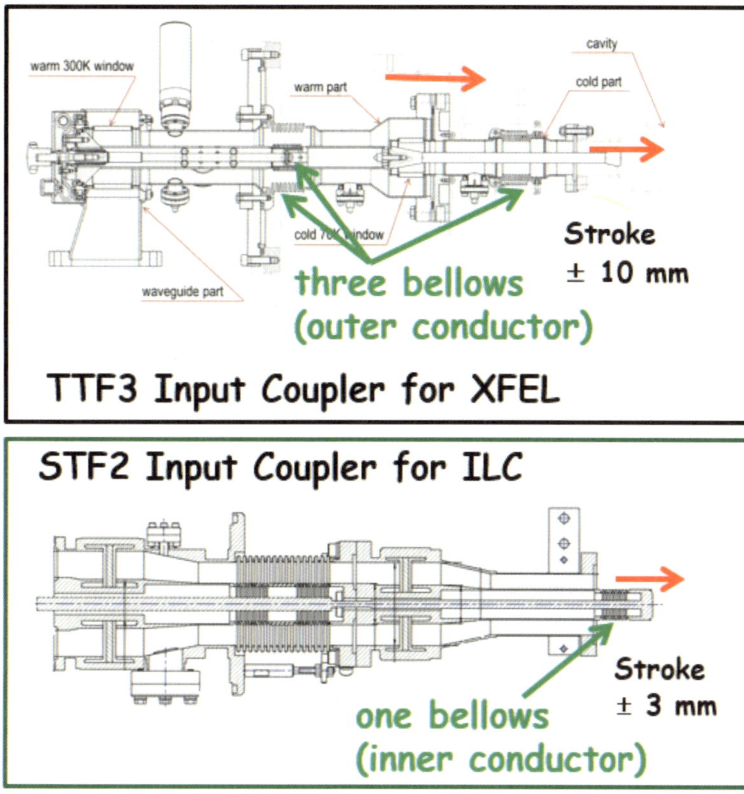

그림 2-12 결합도의 가변 기기를 갖는 입력 결합기 [2]
(위) TTF3 입력 결합기 (아래) STF2 입력 결합기 [1]

하는 기구를 갖는 것이 중요하다. 결합도의 가변 기구를 갖는 두 종류의 입력 결합기를 그림 2-12에 나타낸다. TTF3 입력 결합기에서는 외도체의 벨로우즈를 신축함으로써 구동 범위가 ±10 mm이고 결합도의 가변량으로서 $2\times10^6 < Q_L < 10^7$을 얻을 수 있다. 한편, STF2 입력 결합기에서는 내부 도체 안테나 앞부분의 벨로우즈를 신축시킴으로써 구동 범위가 ±3 mm이고 결합도 가변량은 $2\times10^6 < Q_L < 4\times10^6$ 이다.

3) 발열에 대한 냉각방법

주파수 1.3 GHz 입력 결합기에서는 일반적으로 평균 입사 고조파 전력이 3 kW 정도 이상에 이르면 내도체 벨로우즈에서 온도 상승이 현저해져 고조파 발열에 대한 강제 냉각이 필요하게 된다. 공랭 및 수냉에 의한 냉각 구조를 갖는 연속 운전용 입력 결합기를

그림 2-13에 나타낸다. 현재로서는 고조파 전력의 연속 50 kW 정도까지의 운전 실적이 있지만, 연속 100 kW 정도까지를 목표로 하는 입력 결합기의 개발이 진행 중이다.

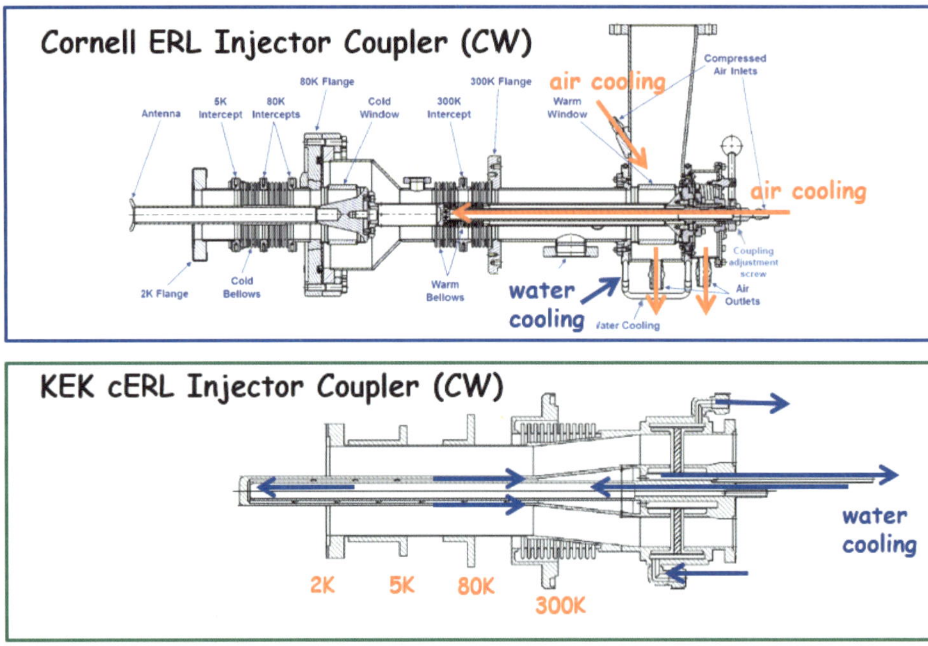

그림 2-13 결합도의 가변 기기를 갖는 입력 결합기: (위) 공랭, Cornell ERL 입력 결합기 [7], (아래) 수냉, KEK cERL 입력 결합기 [6]

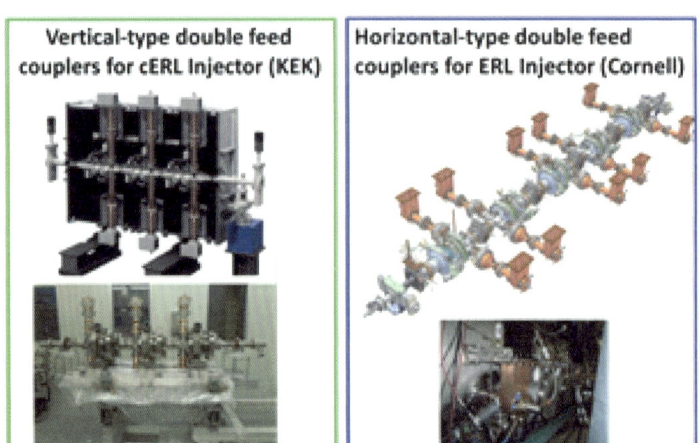

그림 2-14 두 입력 방식의 입력 결합기: (좌) 수직 입사, KEK cERL 입력 결합기 [8], (우) 수평 입사, Cornell ERL 입력 결합기 [9]

4) 2대 입사 방식의 입력 결합기

허용되는 입력 결합기의 고조파 전력을 초과하는 입사 전력이 요구되는 빔 전류가 매우 높은 초전도 가속관에서는 빔 파이프부에 안테나가 마주보는 두대의 입력 결합기를 부착한다. 이 경우, 한대당 입사 고조파 전력은 절반이 되고, 더욱이 안테나 부근에서의 전자기 분포의 비대칭성에서 일어나는 커플러 킥에 의한 영향을, 대칭성이 개선되는 것으로부터 억제할 수 있는 이점도 있다. 입력 결합기의 설치 위치에 따라 수평 입사와 수직 입사 방식이 있으며 그림 2-14에 나타낸다

2.2.4 입력 결합기의 실례

높은 가속 전기장용 초전도 가속관에 있어서 대전력 펄스 운전으로 이용되는 냉각 구조를 가지지 않는 2겹창 입력 결합기를 그림 2-15에 나타낸다. 연속 운전용 초전도 가속관에서 이용되는 수냉 혹은 공냉 냉각구조를 갖는 입력 결합기를 그림 2-16에 나타낸다. 양성자 가속기용 초전도 가속관에 이용되는 1겹창의 입력 결합기를 그림 2-17에 나타낸다. 낮은 베타용 초전도 가속관에서 이용되고 있는 비교적 운전 주파수가 낮은 입력 결합기를 그림 2-18에 나타낸다. 또한 도파관형 입력 결합기를 이용한 초전도 가속관은 그림 2-19에 나타내고 있다.

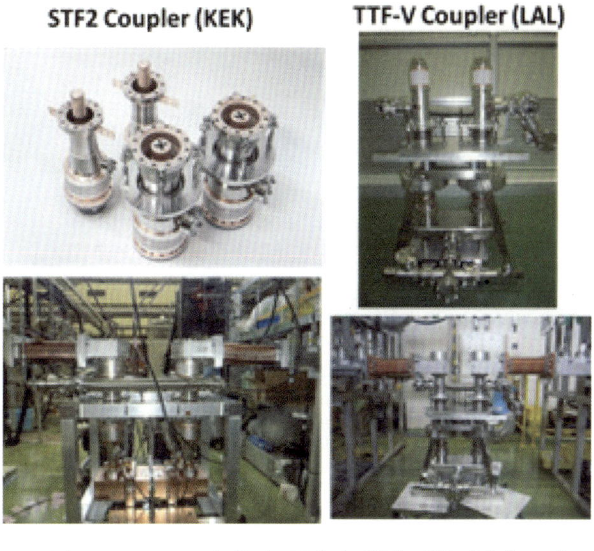

그림 2-15 고조파 창과 무냉각 입력 결합기들 [10,11]

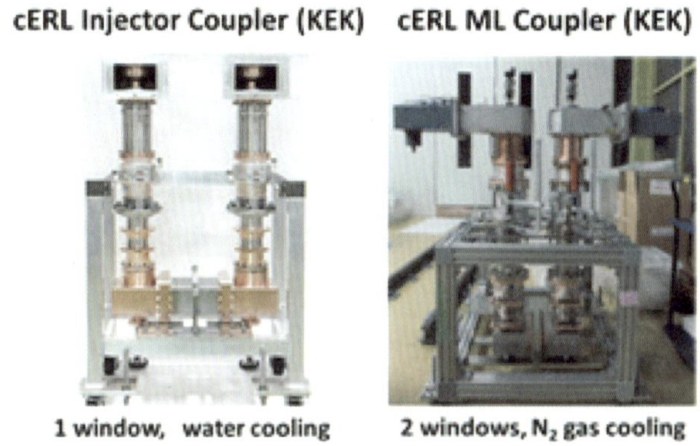

그림 2-16 냉각 장치를 갖는 입력 결합기들 [6,12]

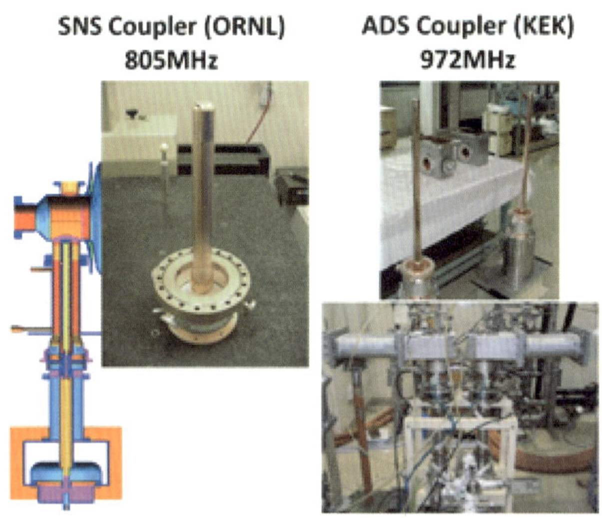

그림 2-17 1개의 창을 갖는 입력 결합기들 [13,14]

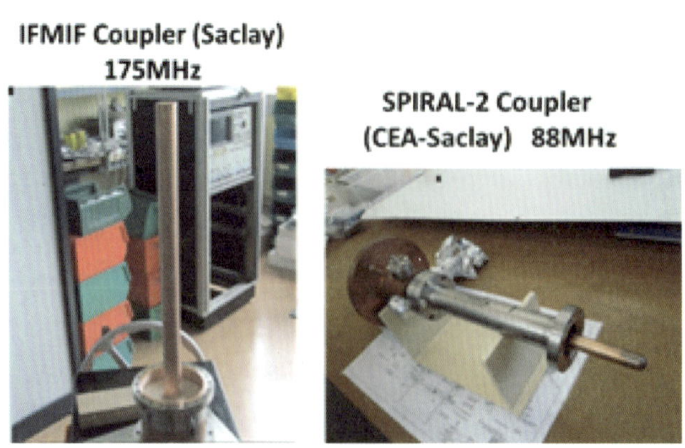

그림 2-18 낮은 베타를 갖는 입력 결합기들 [15,16]

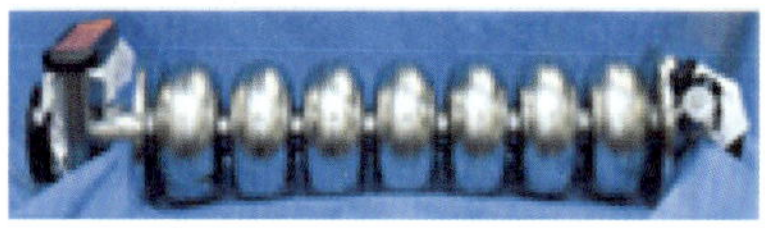

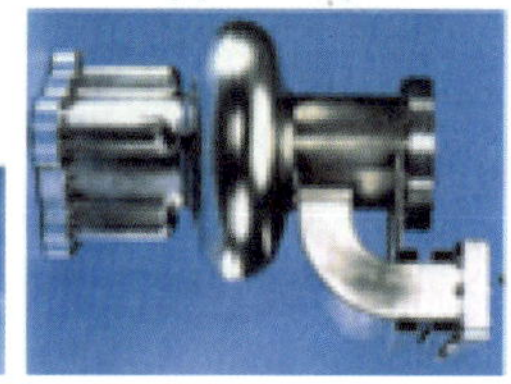

그림 2-19 도파관 입력 결합기들 [17,18]

2.3 고조파 결합기(HOM 커플러)

빔이 가속관내를 통과할 때 고조파 모드가 유기된다. 가속관 내에 여기된 고조파 모드는 가속관내를 통과하는 후속 빔들에게 지대한 영향을 준다. 이 고조파 모드를 충분히 감쇠할 수 없을 때에는 빔 불안정성이나 빔 손실을 이끌 가능성이 높아진다. 또한 고조파 모드의 증대는 빔의 강도나 성능을 악화시키고, 더욱이 불필요한 가속관 손실에 의해 냉동기 부하를 늘리는 결과가 된다.

빔 전류가 낮을 경우에는 안테나 결합형 커플러로 대응할 수 있지만 빔 전류가 커지면 고조파 전력도 커지고 높은 주파수 성분까지 감쇠해야 하므로 빔 파이프에 고조파 흡수체를 부착하는 것이 적절하다. HOM 커플러의 종류로는 동축 안테나형 HOM 커플러, 도파관형 HOM 커플러, HOM 흡수체 감쇠기의 세가지 종류가 있으며 현재도 연구 개발이 진행 되고 있다.

2.3.1 동축 안테나형 HOM 커플러

Nb로 제작된 동축의 안테나를 빔 파이프에 장착하는 것이 일반적이며 확립된 방법이다. 그러나 100 W 정도 이상의 고조파 전력에 대응하기 어렵고, 높은 주파수에서의 감쇠 특성도 양호하지 않다. 동축 안테나형 HOM 커플러로서 요구되는 일반적인 성능으로서는

1. 모든 위험한 고조파 모드에 대한 충분한 감쇠 특성을 가질 것.
2. 가속 모드에 대해 최대한 작은 결합도를 가질 것.
3. 가속 모드의 필터 특성에 대해 엄밀한 조정 기구를 가질 것($Q_{ext} > 10^{11}$).

4. 과도한 열 입력에 대해 유효한 냉각이 가능할 것(초전도 상태를 유지할 수 있어야 한다.)
5. 번시나 오염 물실을 제거하기위해 세정이 용이하게 가능한 단순한 구조여야 한다.
6. 저 비용인 것이 바람직하다.

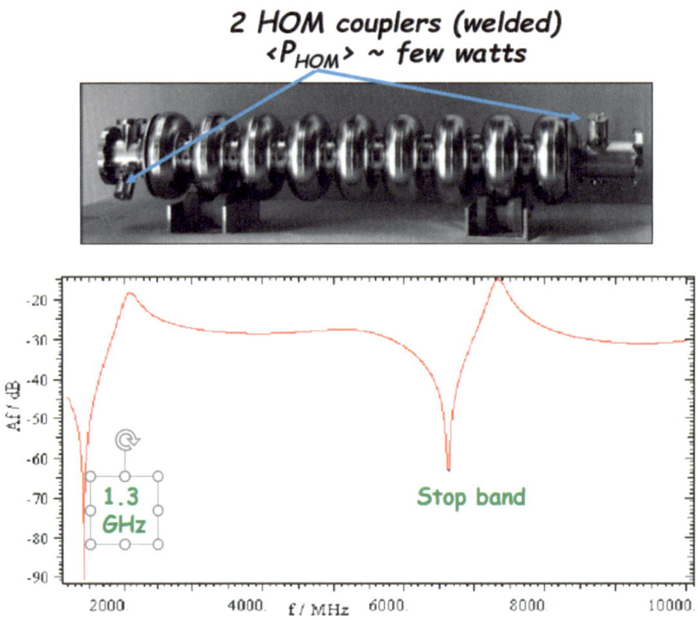

그림 2-20 1.3 GHz TESLA 9셀 가속관을 위한 입력 결합기들 [19]

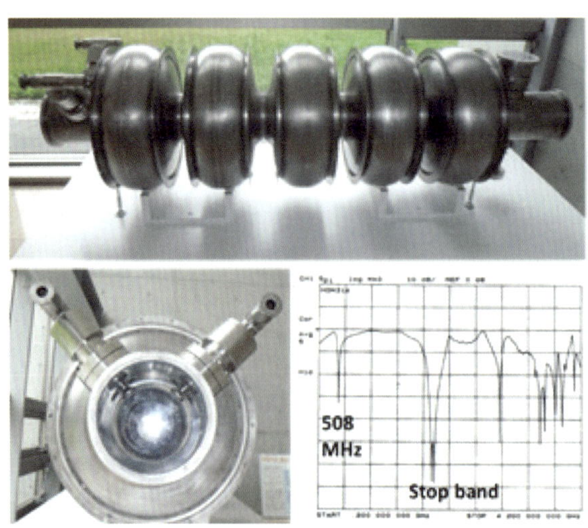

그림 2-21 508 MHz TESLA 9셀 가속관을 위한 입력 결합기들 [19]

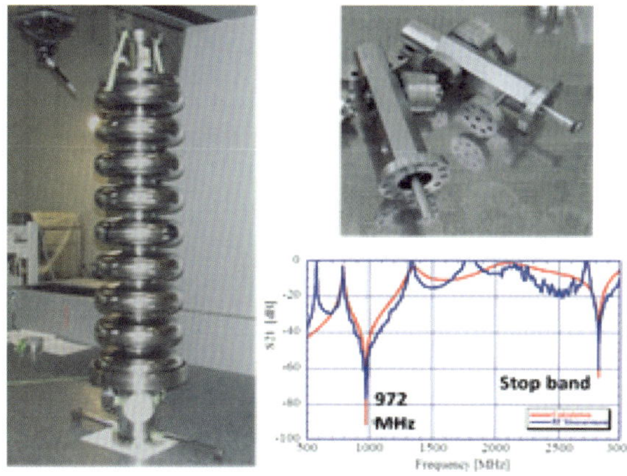

그림 2-22 972 MHz ADS 9셀 가속관(KEK)을 위한 동축 입력 결합기들 [21]

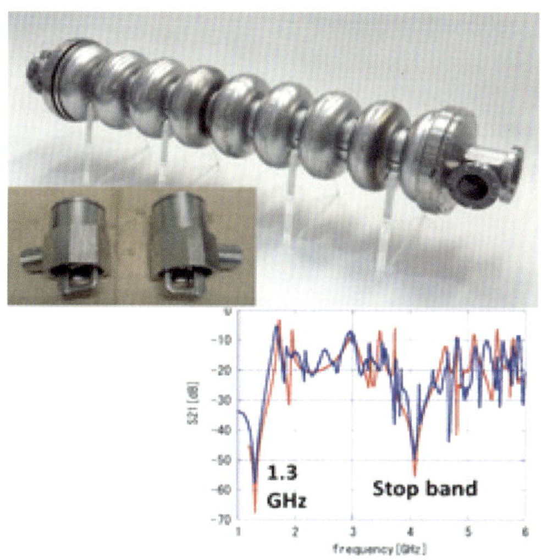

그림 2-23 1.3 GHz STF 9셀 가속관(KEK)을 위한 동축 입력 결합기들 [22]

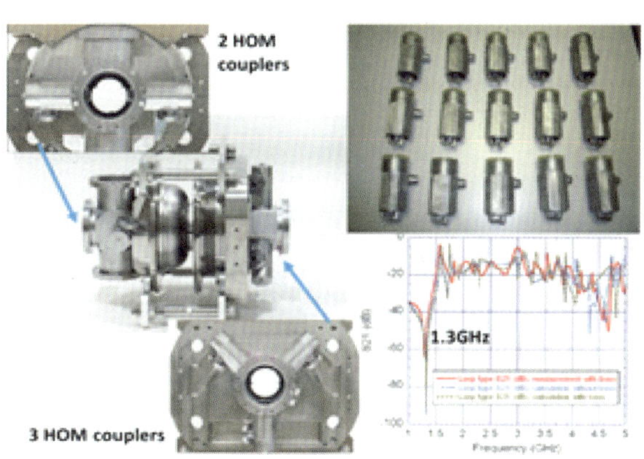

그림 2-24 1.3 GHz 2셀 가속관(KEK)을 위한 동축 입력 결합기들 [23]

인출용 Nb재료로 제작된 안테나 앞부분의 발열에 의해 초전도 파괴가 일어나 고조파 손실이 증대될 가능성이 있으므로 열 전도율이 높은 재료를 이용한 냉각 효율이 좋은 고조파 피드스루를 사용하는 것이 중요하다. 실제 동축 안테나형 HOM 커플러에 대해서, 그림 2-20에 TESLA 9셀 가속관, 그림 2-21에 TRISTAN 5셀 가속관, 그림 2-22에 ADS 9셀 가속관, 그림 2-23에 STF 9셀 가속관, 그림 2-24에 cERL 2셀 가속관에 이용되고 있는 각종 HOM 커플러를 나타낸다. 어느 커플러에 있어서도 가속 모드의 필터 특성이 용이하게 조정할 수 있는 것이 중요하다.

2.3.2 도파관형 HOM 커플러

Nb 재료로 제작된 도파관을 빔 파이프에 부착하여 고조파 모드와 결합하고 도파관 종단에 설치한 세라믹스 등의 흡수체로 고조파 전력을 감쇠시킨다. 가속 모드 주파수가, 도파관의 차단 주파수 이하가 되는 적당한 도파관의 사이즈를 이용함으로서, 고조파 모드에 대해서는 하이패스 필터가 되어 복잡한 조정 기구가 불필요해지는 이점이 있다. 그러나 도파관 플랜지의 접합부에서 발열을 억제하기 위해서 빔 파이프로부터 충분히 떨어진 위치에서 플랜지 접속이 필수적이다. 또한 빔 파이프에 부착된 도파관의 반대면측에는 매칭 조건으로부터 매칭 스터브(stub)를 부착할 필요가 있다. 도파관형 HOM 결합기가 있는 CEBAF 5셀 가속관과 도파관 종단에 부착된 흡수체를 그림 2-25에서 보이고 있다.

그림 2-25 1.5 GHz CEBAF 5셀 가속관(JLab)을 위한 도파관 HOM 결합기들 [24]

2.3.3 HOM 감쇠기

세라믹스나 페라이트 흡수체를 빔 파이프 내면에 부착한 것으로 높은 주파수 대역까지 우수한 흡수 특성을 가지며 또한 대전력에도 대응이 가능하다. HOM 감쇠기로서 요구되는 일반적인 성능으로서

1. 모든 위험한 고조파 모드에 대한 충분한 감쇠 특성을 가질 것.
2. 흡수할 수 있는 주파수 대역에 대해 감쇠 특성이 양호한 재료를 선택할 것(Ferrite, SiC, AlN, Glassy-carbon, etc.).
3. 냉각을 위한 적절한 운전 온도를 설정할 수 있어야 한다.
4. 효율적인 냉각을 할 수 있는 구조여야 한다.
5. 진공 중에서 낮은 배기 가스 특성을 가질 것.
6. 먼지의 발생에 대해 신뢰할 수 있는 세정 방법을 가질 것.
7. 저 비용인 것이 바람직하다

실제로 개발된 HOM 감쇠기에 대해서, 그림 2-26는 CESR-B 가속관과 KEK-B 가속관, 그림 2-27는 Cornell ERL의 입사기 가속관과 주 선형가속기 가속관, 그림 2-28는 KEK cERL 주선형가속기 가속관에서 이용되고 있는 각종 HOM 감쇠기를 나타낸다.

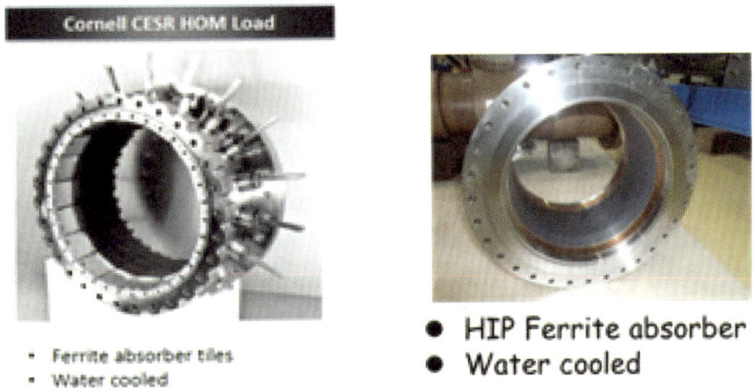

그림 2-26 500 MHz CESR-B 가속관(Cornell [25], 좌), 508MHz KEKB가속관 (KEK [26], 우)

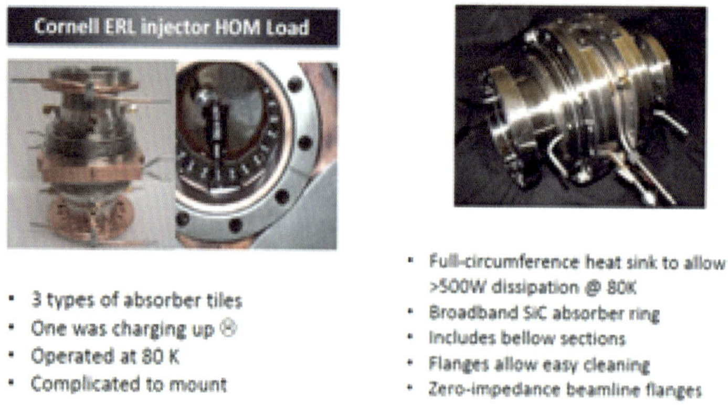

그림 2-27 1.3 GHz ERL 입사기를 위한 HOM 감쇠기([27], 좌), Cornell에서 주선형가속기 가속관 ([28], 우)

그림 2-28 1.3 GHz cERL 주선형가속기 9셀 가속관을 위한 HOM 감쇠기들 [29]

2.3.4 고조파 피드스루

초전도 가속관을 연속 15 MV/m에서 안정적으로 운전하기 위해서는, HOM 결합기에 장착하는 Nb으로 만든 안테나 앞부분을 확실하게 초전도 상태로 유지할 수 있는 높은 열 전도율을 갖는 냉각 효율이 좋은 고조파 피드스루의 개발이 필요하다. 실제로 사용되고 있는 고조파 피드스루로서, 그림 2-29은 JLab과 DESY에서 개발된 것, 그림 2-30은 KEK에서 이용되고 있는 것을 나타낸다. 어느 고조파 피드스루에서도 절연체로서는 열전도율이 높은 사파이어가 이용되고 있다.

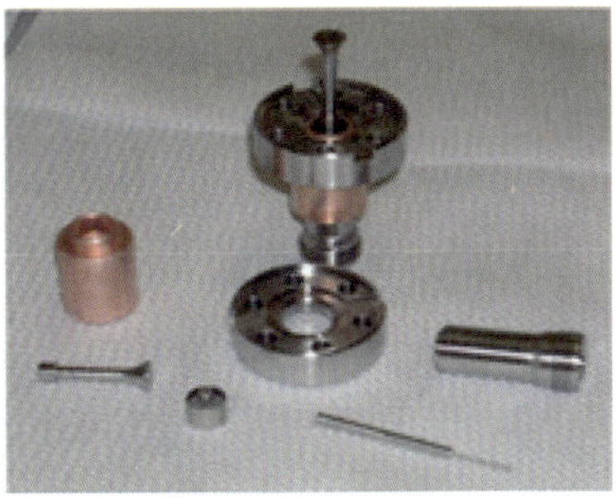 

그림 2-29 1.5 GHz CEBAF-upgrade 7셀 가속관(JLab, 좌 [30]), 1.3 GHz E-XFEL 9셀 가속관(DESY, 우 [31])

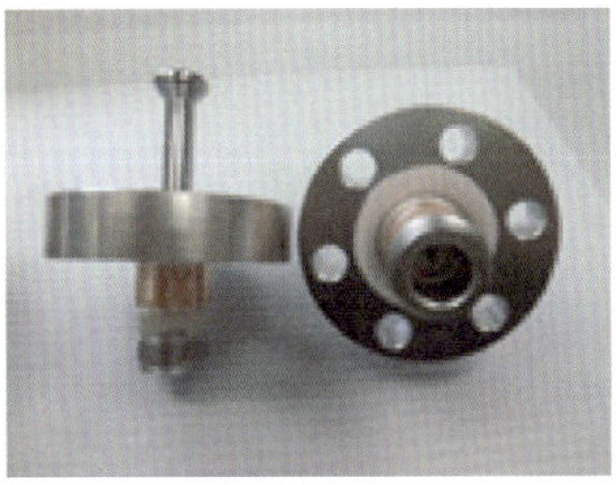 

그림 2-30 1.3 GHz cERL 입사기 2셀 가속관을 위한 피드스루(KEK) [32]

2.4 주파수 튜너

초전도 가속관의 공진 주파수는 고조파원의 주파수와 일치시켜야 한다. 이 주파수 조정은 가속관의 탄성 변형 범위 내에서 가속관 길이를 늘리거나 수축시킴으로써 이루어진다. 초전도 가속관 공진 주파수의 반값 밴드폭은 입력 결합기의 외부 Q값에 의존하여 정해져 있으며, 수십~수 KHz 정도이며, 이 주파수 범위 내를 안정적으로 제어할 수 있는 것이 중요하다.

헬륨 자켓 내부 압력변동, 가속관내 전자기장 응력에 의한 가속관 형상의 변형, 외부로부터 발생되는 기계진동, 미소진동(마이크로포닉스) 등의 미세 진동 등의 몇 가지 요인이, 가속관의 공진 주파수 안정성에 영향을 준다. 또한, 운전시 반사 전력을 낮추어서, 입사 고조파 전력의 효율을 최대한 높이기 위해 피에조 소자를 이용한 고속에서의 피드백에 의한 정밀한 제어가 필요하다. 주파수 튜너의 고장시에는 교체할 수 있도록 스테핑 모터는

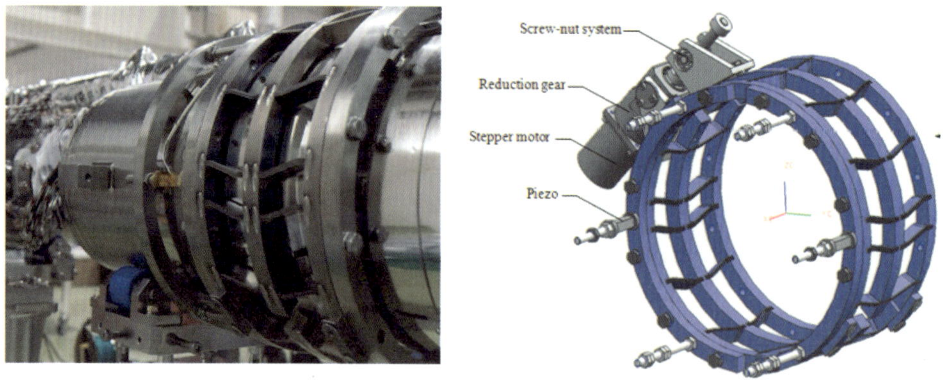

그림 2-31 Blade 튜너 [33]

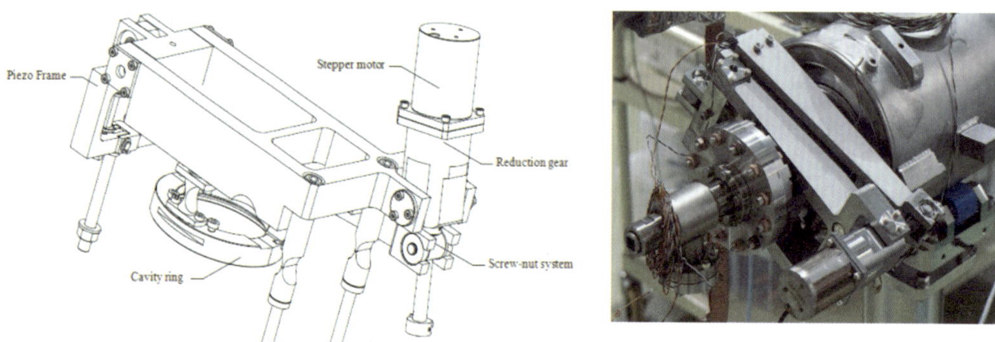

그림 2-32 Saclay 튜너 [34]

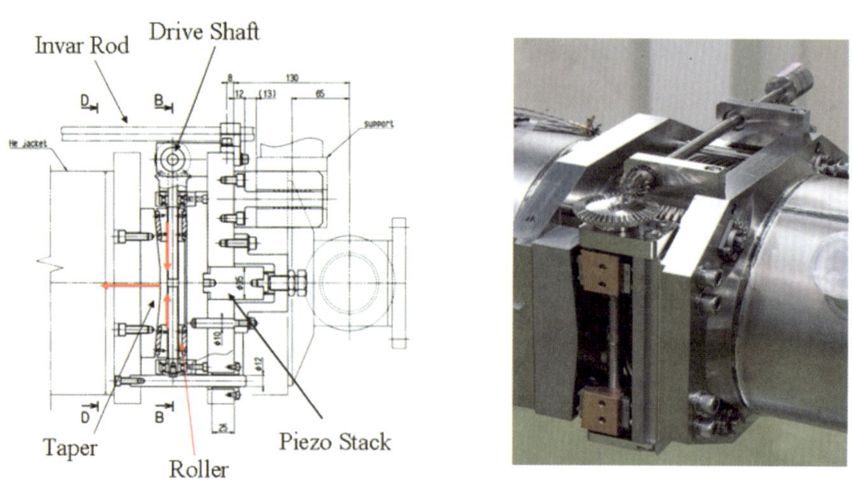

그림 2-33 슬라이드·잭 튜너 [35]

저온 모듈 외부에 설치하고, 피에조 소자는 용이하게 교체 가능한 구조로서, 접속용 포트를 준비해 두는 것이 바람직하다.

2.4.1 튜너의 종류

통상의 튜너 구성으로는 스테핑 모터를 이용하여 기계적으로 구동하는 개략적인 조정용 튜너와 피에조 소자를 이용하여 전기적으로 구동하는 정밀 조정 튜너를 직렬로 연결한 구조를 갖는다. 피에조 소자는 상온에서의 구동 범위에 대해 저온에서는 약 5 % 정도까지 저하되는 것에 주의할 필요가 있다.

KEK의 STF에서 2010년에 실시된 저온 모듈시험(S1-Global)에서는, 그림 2-31에 나타내는 INFN에서 개발된 Blade 튜너, 그림 2-32에 나타내는 Saclay에서 개발된 레버 암형 튜너, 그림 2-33에 나타낸 KEK에서 개발된 슬라이드·잭(Slide-Jack) 튜너의 3종류의 튜너에 대해서 비교 실험이 실시되었다. 그 결과 안정적인 운전 조건을 달성하기 위해 모든 튜너 시스템이 충분한 기능을 가지고 있음이 확인됐다.

2.4.2 튜너의 기능

냉각시의 초전도 가속관에 어느 정도의 당김력을 가한 상태에서 운전하기 위해 오프셋용 주파수 조정을 스테핑 모터로 구동한다. 더욱이, 펄스 운전시 로렌츠 힘에 의한 주파수 변화 보정용으로 펄스별 미세 조정을 수행하기 위해 피에조 소자가 이용된다. 앞 절에서 소개한 3 종류의 튜너 시스템에 대해서, 그 성능을 비교한 결과를 표 2-1에 나타내고,

표 2-1 튜너의 성능 비교

	Blade 튜너	DESY/Saclay 튜너	Slide-Jack 튜너
형 태	동 축	측면 - PU 면	동축/측면 접합기면
설계 튜너 강도	30 kN/mm	40 kN/mm	290 kN/mm
구동 장치	용기내, 스테퍼 모터+HD	용기내, 스테퍼 모터+HD	용기외부, 수동 혹은 스테퍼 모터 작동
범 위	600 kHz	500 kHz	900 kHz
민감도	1.5 Hz/step	1 Hz/step	3 Hz/step

표 2-2 피에조 소자의 비교

	Blade 튜너	DESY/Saclay튜너	Slide-Jack 튜너
피에조	2, 얇은 층 (0.1mm) 치수: 10×10×40mm	2,얇은 층 (0.1mm) 치수: 10×10×40mm	1, 두꺼운 층 (2mm) 치수: ϕ35×78mm
전 압	200 V	200 V	최대 1000V, 500 V에서 운전
상온에서 피에조 구동범위	55 μm	55 μm	40 μm
상온에서 피에조 전기용량	8 μF	8 μF	0.9 μF

피에조 소자를 비교한 표를 2-2에 나타낸다.

KEK에서 개발된 Slide-Jack 튜너에서는 로렌츠 힘에 의한 가속관 변형을 억제할 목적으로 튜너 자신의 강도를 강하게 하는 개선이 이루어지고 있다. 또 인가 전압의 상승시간을 단축하기 위해 저용량이고 고전압 형태의 피에조 소자를 이용하고 있는 특징이 있다.

2.4.3 튜너의 동작 특성

Slide-Jack 튜너를 이용한 4개의 가속관에 대해서, 그 주파수 변화의 동작 특성을 그림 2-34에 나타낸다. 운전 온도 2 K에서 튜너의 미작동 상태일때 공진 주파수는 1299.4~1299.7 MHz 범위 내에 모든 가속관은 조정되어 있으며 300~600 kHz의 당김힘을 가함으로써 운전 주파수인 1300.00 MHz로 조정된다. 튜너의 신축력 반복에 대하여 주파수 변화 히스테리시스가 작음을 알 수 있다. 여기서 가속관 전 길이에 대한 주파수 변화는 약 300 kHz/mm이다. 피에조 튜너의 구동범위 히스테리시스 특성을 그림 2-35에 나타낸다. 사용하는 피에조 소자의 차이에 따라 인가 전압에 대한 주파수 변화 감도가 다르다. 또한 신축시 히스테리시스를 갖고 있는 것으로 관측되지만 실제 운전에서는 기능상 문제가 되지 않는다.

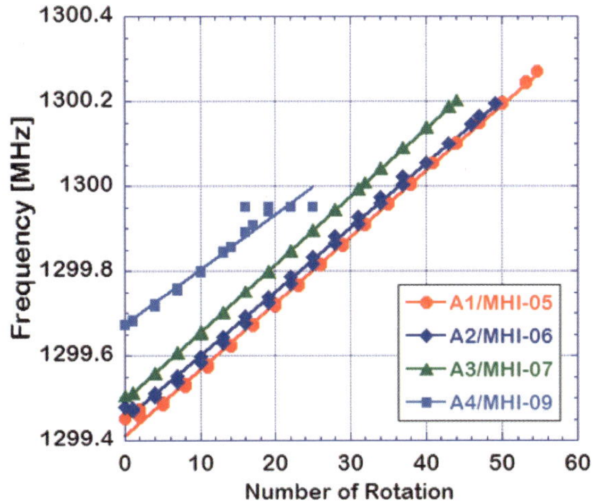

그림 2-34 주파수 튜너의 동작 특성 [36]

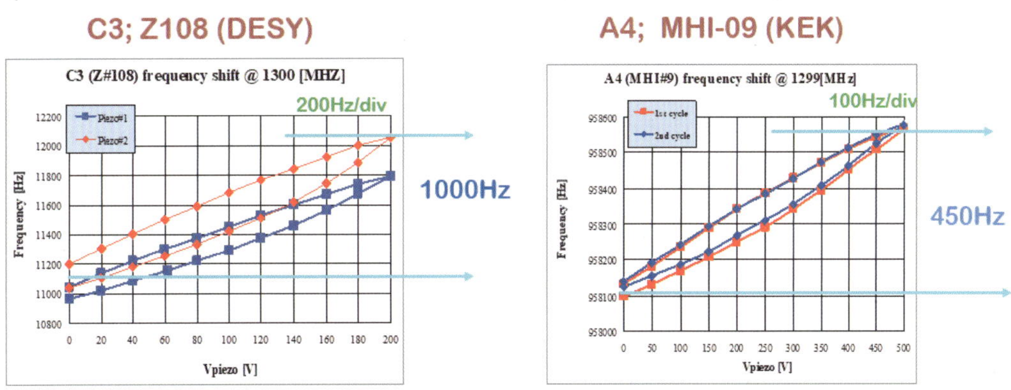

그림 2-35 피에조 튜너의 동작 특성 [36]
(좌) 저전압 고용량형 피에조 소자(DESY), (우) 고전압 저용량형 피에조 소자(KEK)

2.4.4 튜너의 운전상황

초전도 가속관의 높은 가속 전기장의 펄스 운전에서, 가속관내 표면의 전자기장 응력에 의해 가속관 변형이 야기되고, 그 결과 공진 주파수의 어긋남(로렌츠 디튜닝)이 고조파 펄스마다 발생한다. 이 로렌츠 디튜닝을 보정하기 위해 펄스 인가 전압에 의해 고속 구동하는 피에조 튜너가 이용된다. 효율적으로 로렌츠 디튜닝을 보정하기 위해서는 피에조에 인가하는 펄스 전압을 최적할 필요가 있으며 펄스의 타이밍, 펄스의 주파수, 펄스의 진폭, 펄스의 파형 등이 중요한 파라미터가 된다.

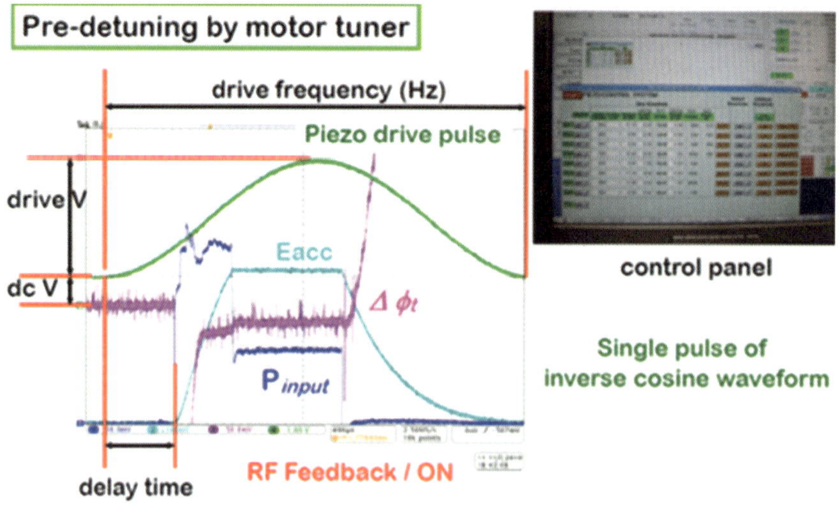

그림 2-36 피에조 튜너에 의한 로렌쯔 디튜닝의 보정실험의 최적화된 펄스파형 [37]

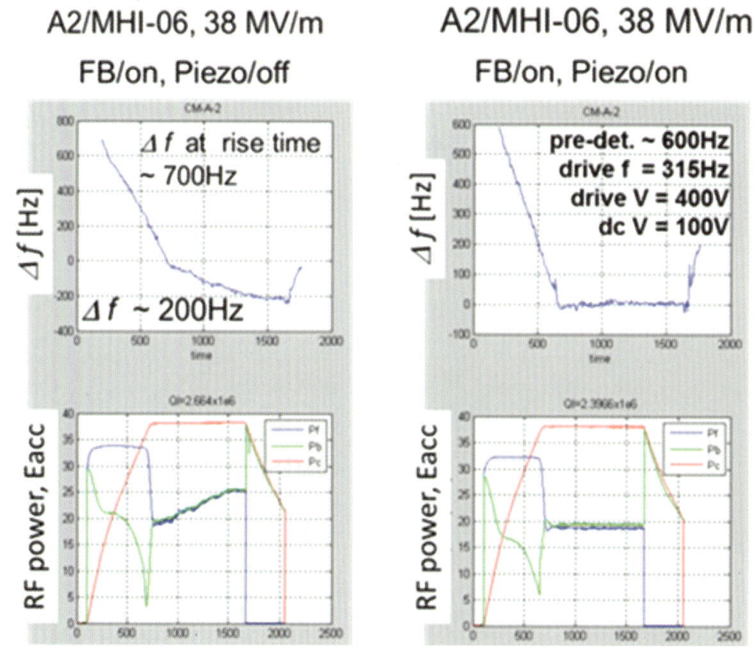

그림 2-37 피에조 튜너에 의한 로렌쯔 디튜닝의 보정실험 결과
(좌: 피에조 전압/꺼짐, 우: 피에조 전압/인가) [38]

STF 9셀 가속관에 있어서 슬라이드·잭 튜너를 이용하여 행해진 로렌츠 디튜닝 보정 실험에서의 최적화된 피에조 전압의 펄스 파형을 그림 2-36에 나타낸다. 가속 전기장 38 MV/m에서 운전되고 있는 실제 가속관에서 행해진 로렌츠 디튜닝 보정 실험의 성공 예를 그림 2-37에 나타낸다. 고조파 펄스 평탄부에서 200 Hz의 주파수 차이(왼쪽)가 피에조 튜너의 구동에 의해 ±5 Hz 이하(오른쪽)로 보정되었음을 알 수 있다.

2.5 요 약

입력 결합기, 고조파 결합기, 주파수 튜너는 안정적인 빔 가속 운전을 수행하기 위해 초전도 고조파 가속관 시스템에서 본질적으로 중요한 주변 장치로서 그 설계·제작·운전에 있어서 다양한 요소 기술을 포함하고 있다.

2.6 참고 문헌

[1] E. Kako et al., "High Power Input Couplers for the STF Baseline Cavity System at KEK", Proceedings of 13th Workshop on RF Superconductivity, Peking University, Beijing, China (2007) TUP60

[2] W.D. Moeller et al., "High Power Coupler for the TESLA Test Facility", Proceedings of 9th Workshop on RF Superconductivity, LANL, Santa Fe, NM, USA (1999) THAO10

[3] 梅澤裕明、他、「超伝導空洞用インプットカップラーで仕様される極薄肉銅 メッキについてのRRRおよび厚み測定」, 第10回日本加速器学会年会予稿集, 名古屋市(2013), 569-572

[4] D. Kostin, Private Communication

[5] H. Jenhani, Private Communication

[6] E. Kako et al., "High Power Tests of CW Input Couplers for cERL Injector

Cryomodule", IPAC2012, New Orleans, Louisiana, USA (2012) 2230–2232

[7] V. Veshcherevich, et al., "Design of High Power Input Coupler for Conell ERL Injector Cavities", Proceedings of 12th Workshop on RF Superconductivity, Cornell University, Ithaca NW, USA (2005) 590–592

[8] E. Kako et al., "Construction of Injector Cryomodule for cERL at KEK", IPAC2012, New Orleans, Louisiana, USA (2012) 2239–2241

[9] M. Liepe, et al., "The Cornell High–Current ERL Injector Cryomodule", Proceedings of 14th Workshop on RF Superconductivity, Berlin, Germany (2009) 27–33

[10] E. Kako, et al., "Advances and Performance of Input Couplers at KEK", Proceedings of 14th Workshop on RF Superconductivity, Berlin, Germany (2009) 485–490

[11] H. Jenhani et al., "Studies on Input Couplers for Superconducting Cavities", LINAC08, Victoria, BC, Canada (2008) 972–974

[12] H. Sakai et al., "High Power tests of KEK–ERL Input Coupler for Main Linac under Liquid Nitrogen Condition", Proceedings of 15th Workshop on RF Superconductivity, Chicago, IL, USA (2011) 27–33

[13] M. Stirbet et al., "High Power RF Test on Fundamental Power Couplers for the SNS Project", EPAC2002, Paris, France (2002), 2283–2285

[14] E. Kako, "Input Couplers for 972 MHz Superconducting Cavities in the High Intensity Proton Linac", Proceedings of 11th Workshop on RF Superconductivity, Luebeck/Travemuende, Germany (2003) 685–689

[15] H. Jenhani et al., "Input Power Coupler for the IFMIF SRF Linac", IPAC2012, New Orleans, Louisiana, USA (2012) 2200–2202

[16] Y. Gomez Martinez, et al., "SPIRAL2 Couplers Preparation and RF Conditioning", Proceedings of 16th Workshop on RF Superconductivity, Paris, France (2013) 1036

[17] M. A. Drury, et l.,"CEBAF Upgrade: Cryomodule Performance and Lessons Learned "Proceedings of 16th Workshop on RF Superconductivity, Paris, France (2013) 836

[18] S. Belomestnykh, et al., "Commissioning of the Superconducting RF Cavities for the CESR Luminosity Upgrade", PAC1999, New York, NY, USA (1999) 980–982

[19] J. Sekutowicz, "Higher Order Mode Coupler for TESLA", Proceedings of 6th Workshop on RF Superconductivity, Newport News, VA, USA (1993) 426–439

[20] S. Noguchi et al., "Couplers – Experience at KEK', Proceedings of 4th Workshop on RF Superconductivity, Tsukuba, Japan (1989) 397–41

[21] S. Noguchi et al., "Prototype Cryomodule for the ADS Linac", Proceedings of 11th Workshop on RF Superconductivity, Luebeck/Travemuende, Germany (2003) 111-11

[22] K. Watanabe, et al., "New HOM Coupler Design for ILC Superconducting Cavity", Nuclear Instruments and Methods in Physics Research A 595 (2008) 299–31

[23] K. Watanabe, et al., "Development of die Superconducting RF 2–cell Cavity for cERL Injector at KEK", Nuclear Instruments and Method in Physics Research A 714 (2013) 67–82

[24] I. E. Campisi, et al., "Artificial Dielectric Ceramics for CEBAF's Higher –Order–Mode Loads", Proceedings of 6th Workshop on RF Superconductivity, Newport News, VA, USA (1993) 587–59

[25] E. Chojnacki, et al., "Beam line RF Load Development at Cornell", PAC1999 New York, NY, USA (1999) 845-847

[26] T. Tajima et al., "Recent Development of HOM Absorbers of KEKB Superconducting Cavities "Proceedings of 8th Workshop on RF Superconductivity, Abano Terme, Padova Italy (1997) 709-724

[27] V. Shemekin, et al., "Status of HOM Load for the Cornell ERL Injector", EPAC2006, Edinburgh, Scotland (2006) 478 – 480

[28] R.G. Eichhorn, et al., "Cornell's Beam Line Higher Order Mode Absorbers", Proceedings of 16th Workshop on RF Superconductivity, Paris, France (2013) 1027

[29] M. Sawamura et al., "Cooling Properties of HOM Absorber Model for cERL

in Japan", Proceedings of 15th Workshop on RF Superconductivity, Chicago, IL, USA (2011) 35

[30] W. D. Moeller, Private Communication

[31] J. Sekutowicz, Private Communication

[32] E. Kako, Private Communication

[33] C. Pagani, et al. "Piezo-assisted blade tuner:Cold test results", Proceedings of 13th Workshop on RF Superconductivity, Beijing, China (2007) 31

[34] M. Liepe, et al., "Dynamic Lorentz force compensation with a fast Piezoelectric tuner", Proceedings of 10th Workshop on RF Superconductivity, Tsukuba, Japan (2001) 24

[35] S. Noguchi, "New Tuners for ILC Cavity Application", Proceedings of 13th Workshop on RF Superconductivity, Beijing, China (2007) WE303

[36] E. Kako, et al., Sl-Global Module Tests at STF/KEK", Proceedings of IPAC2011, San Sebastian, Spain (2011) 38-40

[37] R. Paparella et al., "Tuner Performance in the Sl Global Cryomodule", Proceedings of IPAC2011, San Sebastian, Spain (2011) 286-288

[38] S. Michizono et al., "Performance of the LLRF System at S1-Global in KEK", Proceedings of IPAC2011, San Sebastian, Spain (2011) 451-453

3. 초전도 가속관의 전자기 해석

3.1 개 요

여기서는 고조파 가속관의 기본적인 RF 파라미터를 이해하기 위하여 맥스웰 방정식부터 시작하여 원형 도파관 내의 전자기장 분포를 도출하고 필박스 가속관의 가속 모드에 대하여 각 고조파 파라미터를 계산한다. 그 후, 이것들을 초전도 가속관에 적용하고 빔 가속을 진행하기 위한 가속관과의 결합도의 계산을 설명한다.

3.2 고조파 가속관

고조파 가속관내 통과하는 빔은 가속관내 전기장에 의해 그림 3-1에 나타나듯이 빔의 속도와 고조파 전기장의 시간 변화가 동기화되는 조건하에서 효율적으로 가속(또는 감속) 된다. 이 가속관내 고조파 전기장 분포를 이해하기 위해서는 아래에 제시된 방정식들을 활용하여 계산을 순차적으로 실시해 나갈 필요가 있다.

- 맥스웰 방정식
- 파동 방정식

- 헬름홀츠 방정식
- 원통 좌표계
- 원형 도파관
- 베셀 방정식, 베셀 함수
- TM모드와 TE모드

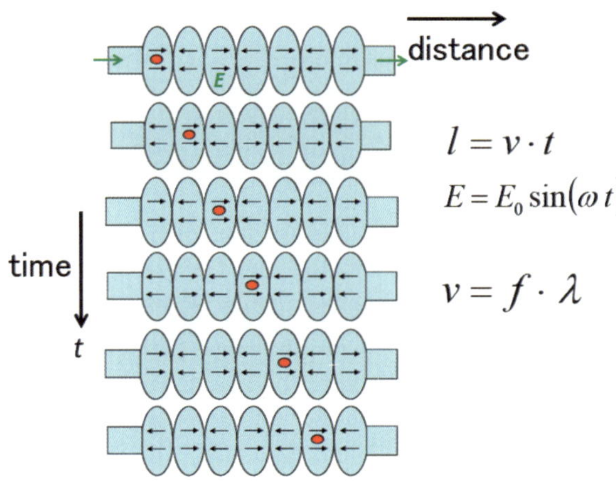

그림 3-1 가속관내 전기장에 의한 빔 가속

3.2.1 맥스웰 방정식

고조파 전자기장을 나타내는 기본 방정식은 다음과 같다.

$$\nabla \cdot \vec{B} = 0 \tag{3-1}$$

$$\nabla \cdot \vec{D} = \rho \tag{3-2}$$

$$\nabla \times \vec{H} = \vec{J} + \frac{\partial \vec{D}}{\partial t} \tag{3-3}$$

$$\nabla \times \vec{E} = -\frac{\partial \vec{B}}{\partial t} \tag{3-4}$$

$$\vec{D} = \epsilon \vec{E},\ \ \vec{B} = \mu \vec{H},\ \ \vec{J} = \sigma \vec{E} \tag{3-5}$$

여기서, ϵ, μ, σ는 각각 매질의 유전율, 투자율, 도전율이다.

3.2.2 파동 방정식

식 (3-3)과 식 (3-4)에 식 (3-5)을 대입함으로써

$$\nabla \times \vec{H} = \sigma \vec{E} + \epsilon \frac{\partial \vec{E}}{\partial t} \tag{3-6}$$

$$\nabla \times \vec{E} = -\mu \frac{\partial \vec{H}}{\partial t} \tag{3-7}$$

으로 되며, 식 (3-6)에 회전을 취하면,

$$\begin{aligned} \nabla \times (\nabla \times \vec{H}) &= \sigma \nabla \times \vec{E} + \epsilon \frac{\partial}{\partial t} \nabla \times \vec{E} \\ &= -\sigma\mu \frac{\partial}{\partial t} \vec{H} - \epsilon\mu \frac{\partial^2}{\partial t^2} \vec{H} \end{aligned} \tag{3-8}$$

가 되며, 왼쪽항에 벡터 공식 (3-17)을 이용하고 식 (3-1)을 고려하면,

$$\begin{aligned} \nabla \times (\nabla \times \vec{H}) &= \nabla (\nabla \cdot \vec{H}) - \nabla^2 \vec{H} \\ &= -\nabla^2 \vec{H} \end{aligned} \tag{3-9}$$

를 얻으므로 식 (3-8)과 같게 놓음으로써

$$\nabla^2 \vec{H} = \sigma\mu \frac{\partial}{\partial t} \vec{H} + \epsilon\mu \frac{\partial^2}{\partial t^2} \vec{H} \tag{3-10}$$

가 도출된다. 이를 전자기파의 파동 방정식이라고 한다. 고조파 전자기장은 정현파 진동 성분을 가지므로

$$\vec{H} \propto e^{j\omega t} \tag{3-11}$$

로 하면 식 (3-10)은,

$$\begin{aligned} \nabla^2 \vec{H} &= j\omega\mu\sigma \vec{H} + \omega^2 \epsilon\mu \vec{H} \\ &= -(\omega^2 \epsilon\mu - j\omega\mu\sigma) \vec{H} \\ &= -k^2 \vec{H} \end{aligned} \tag{3-12}$$

로 쓸 수 있고, 여기서 ($k^2 = \omega^2 \epsilon\mu - j\omega\mu\sigma$)를 이용한다. 같은 방식으로 자기장과 전기장에 대해서

$$\nabla^2 \vec{H} + k^2 \vec{H} = 0$$

$$\nabla^2 \vec{E} + k^2 \vec{E} = 0 \tag{3-13}$$

을 얻을 수 있다. 이것을 헬름홀츠 방정식이라고 한다.

3.2.3 원형 도파관

원통 좌표계를 그림 3-2에 나타낸다.

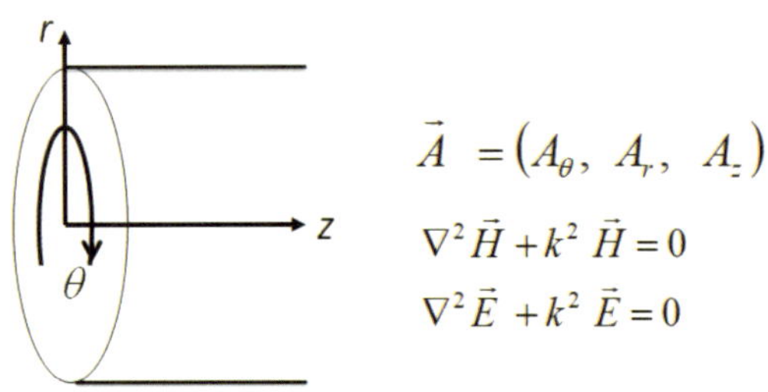

그림 3-2 원통좌표계 (r, θ, z)

여기서 원통 좌표계에 관한 벡터 공식은 다음과 같다.

$$\nabla \Phi = \vec{e_r}\frac{\partial \Phi}{\partial r} + \vec{e_\theta}\frac{1}{r}\frac{\partial \Phi}{\partial \theta} + \vec{e_z}\frac{\partial \Phi}{\partial z} \tag{3-14}$$

$$\nabla \cdot \vec{A} = \frac{1}{r}\frac{\partial}{\partial r}(rA_r) + \frac{1}{r}\frac{\partial A_\theta}{\partial \theta} + \frac{\partial A_z}{\partial z} \tag{3-15}$$

$$\nabla \times \vec{A} = \vec{e_r}\left[\frac{1}{r}\frac{\partial A_z}{\partial \theta} - \frac{\partial A_\theta}{\partial z}\right] + \vec{e_\theta}\left[\frac{\partial A_r}{\partial z} - \frac{\partial A_z}{\partial r}\right] + \vec{e_z}\left[\frac{1}{r}\frac{\partial (rA_\theta)}{\partial r} - \frac{1}{r}\frac{\partial A_r}{\partial \theta}\right] \tag{3-16}$$

$$\nabla^2 \Phi = \frac{1}{r}\frac{\partial}{\partial r}\left(r\frac{\partial \Phi}{\partial r}\right) + \frac{1}{r^2}\frac{\partial^2 \Phi}{\partial \theta^2} + \frac{\partial^2 \Phi}{\partial z^2} \tag{3-17}$$

$$\nabla \times (\nabla \times \overrightarrow{A}) = \nabla(\nabla \cdot \overrightarrow{A}) - \nabla^2 \overrightarrow{A} \qquad (3\text{–}18)$$

1) 원형 도파관

고조파 전자기장은 시간적으로 정현파 진동을 하고 동시에 진행 방향인 $+z$ 로 전파되는 성질을 가지고 있으므로 $(e^{j\omega t - \gamma z})$ 인자를 갖는다고 고려하자.

여기서,

$$\gamma = \alpha + j\beta \quad (\gamma : \text{전파 상수}, \ \alpha : \text{감쇠 상수}, \ \beta : \text{위상 상수})$$

로 주어진다. 여기서 감쇠가 없는 경우($\alpha = 0$)를 고려하면 $\gamma = j\beta$ 이 되며, 전파 조건에서 β는 실수로서,

$$\beta^2 = k^2 - k_c^2 > 0, \ (k^2 = \omega^2 \epsilon \mu) \qquad (3\text{–}19)$$

가 된다. 여기서, 원형 도파관을 그림 3-3에 나타내고 내부 전자기 벡터를 고려한다.

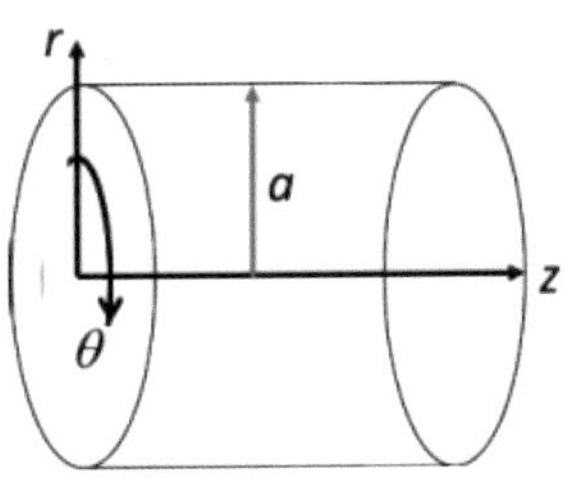

그림 3-3 원형 도파관

$\overrightarrow{e_r}$, $\overrightarrow{e_\theta}$, $\overrightarrow{e_z}$를 각 방향 성분의 단위 벡터로 하면 고조파 전자기장은

$$\overrightarrow{E} = (\overrightarrow{e_r}\overrightarrow{E_r} + \overrightarrow{e_\theta}\overrightarrow{E_\theta} + \overrightarrow{e_z}\overrightarrow{E_z})e^{j(\omega t - \beta z)} \qquad (3\text{–}20)$$

$$\overrightarrow{H} = (\overrightarrow{e_r}\overrightarrow{H_r} + \overrightarrow{e_\theta}\overrightarrow{H_\theta} + \overrightarrow{e_z}\overrightarrow{H_z})e^{j(\omega t - \beta z)} \qquad (3\text{–}21)$$

로 표시된다. 식 (3-7)에서

$$\nabla \times \overrightarrow{E} = -\mu \frac{\partial \overrightarrow{H}}{\partial t} = -j\omega\mu\overrightarrow{H} \qquad (3\text{–}22)$$

을 벡터 공식 (3-15)을 이용하여 변환하면

$$\nabla \times \overrightarrow{E} = \overrightarrow{e_r}\left[\frac{1}{r}\frac{\partial E_z}{\partial \theta} - \frac{\partial E_\theta}{\partial z}\right] + \overrightarrow{e_\theta}\left[\frac{\partial E_r}{\partial z} - \frac{\partial E_z}{\partial r}\right] + \overrightarrow{e_z}\left[\frac{1}{r}\frac{\partial (rE_\theta)}{\partial r} - \frac{1}{r}\frac{\partial E_r}{\partial \theta}\right] = -j\omega\mu[\overrightarrow{e_r}H_r + \overrightarrow{e_\theta}H_\theta + \overrightarrow{e_z}H_z] \quad (3\text{-}23)$$

가 도출되어 이 전기장을 각 벡터 성분으로 분리하면

r 성분에 대해서

$$\frac{1}{r}\frac{\partial E_z}{\partial \theta} - j\beta E_\theta = -j\omega\mu H_r \quad (3\text{-}24)$$

θ 성분에 대해서

$$-j\beta E_r - \frac{\partial E_z}{\partial r} = -j\omega\mu H_\theta \quad (3\text{-}25)$$

z 성분에 대해서

$$\frac{1}{r}\frac{\partial (rE_\theta)}{\partial r} - \frac{1}{r}\frac{\partial E_r}{\partial \theta} = -j\omega\mu H_z \quad (3\text{-}26)$$

의 3가지 식을 얻을 수 있다.

같은 방식으로 자기장에 대해서도 식 (3-6)으로 부터 $\sigma = 0$으로,

$$\nabla \times \overrightarrow{H} = \epsilon\frac{\partial \overrightarrow{E}}{\partial t} = j\omega\epsilon\overrightarrow{E} \quad (3\text{-}27)$$

$$\nabla \times \overrightarrow{H} = \overrightarrow{e_r}\left[\frac{1}{r}\frac{\partial H_z}{\partial \theta} - \frac{\partial H_\theta}{\partial z}\right] + \overrightarrow{e_\theta}\left[\frac{\partial H_r}{\partial z} - \frac{\partial H_z}{\partial r}\right] + \overrightarrow{e_z}\left[\frac{1}{r}\frac{\partial (rH_\theta)}{\partial r} - \frac{1}{r}\frac{\partial H_r}{\partial \theta}\right] = -j\omega\epsilon[\overrightarrow{e_r}E_r + \overrightarrow{e_\theta}E_\theta + \overrightarrow{e_z}E_z] \quad (3\text{-}28)$$

가 도출된다.

r 성분에 대해서

$$\frac{1}{r}\frac{\partial H_z}{\partial \theta} + j\beta H_\theta = j\omega\epsilon E_r \tag{3-29}$$

θ 성분에 대해서

$$-j\beta H_r - \frac{\partial H_z}{\partial r} = j\omega\epsilon E_\theta \tag{3-30}$$

z 성분에 대해서

$$\frac{1}{r}\frac{\partial (rH_\theta)}{\partial r} - \frac{1}{r}\frac{\partial H_r}{\partial \theta} = j\omega\epsilon E_z \tag{3-31}$$

의 3가지 식을 얻을 수 있다. 여기서 이 6개 식을 이용하여 E_z와 H_z에 관해 E_r, E_θ, H_r, H_θ를 푸는 것이 가능해진다.

식 (3-25)과 식 (3-29)에서 H_θ를 소거하면

$$H_\theta = \frac{j\beta}{j\omega\mu}E_r - \frac{1}{j\omega\mu}\frac{\partial E_z}{\partial r} \tag{3-32}$$

$$j\omega\epsilon E_r = \frac{1}{r}\frac{\partial H_z}{\partial \theta} + j\beta\left[\frac{j\beta}{j\omega\mu}E_r + \frac{1}{j\omega\mu}\frac{\partial E_z}{\partial r}\right] \tag{3-33}$$

$$\left[j\omega\epsilon + \frac{\beta^2}{j\omega\mu}\right]E_r = \frac{1}{r}\frac{\partial H_z}{\partial \theta} + \frac{1}{\omega\mu}\frac{\partial E_z}{\partial r}$$

$$[-\omega^2\epsilon\mu + \beta^2]E_r = j\left[\frac{\omega\mu}{r}\frac{\partial H_z}{\partial \theta} + \beta\frac{\partial E_z}{\partial r}\right]$$

가 되며, 여기서 $(\beta^2 - \omega^2\epsilon\mu = \beta^2 - k^2 = -k_c^2)$를 이용하면,

$$\therefore\ E_r = -\frac{j}{k_c^2}\left[\beta\frac{\partial E_z}{\partial r} + \frac{\omega\mu}{r}\frac{\partial H_z}{\partial \theta}\right] \tag{3-34}$$

을 얻을 수 있다. 같은 방식으로 식 (3-24)과 식 (3-30)로 부터

$$\therefore\ H_r = \frac{j}{k_c^2}\left[-\beta\frac{\partial H_z}{\partial r} + \frac{\omega\epsilon}{r}\frac{\partial E_z}{\partial \theta}\right] \tag{3-35}$$

가 얻어진다. 식 (3-24)과 식 (3-35)에서 H_r를 소거함으로써

$$\frac{1}{r}\frac{\partial E_z}{\partial \theta} - j\beta E_\theta = \frac{\omega\mu}{k_c^2}\left[-\beta\frac{\partial H_z}{\partial r} + \frac{\omega\epsilon}{r}\frac{\partial E_z}{\partial \theta}\right] \tag{3-36}$$

$$\begin{aligned} E_\theta &= \frac{j\omega\mu}{k_c^2}\frac{\partial H_z}{\partial r} + \frac{j\omega^2\epsilon\mu}{k_c^2\beta r}\frac{\partial E_z}{\partial \theta} + \frac{j}{\beta r}\frac{\partial E_z}{\partial \theta} \qquad (3\text{-}37) \\ &= \frac{j}{k_c^2}\left[\omega\mu\frac{\partial H_z}{\partial r} + \frac{-\omega^2\epsilon\mu + k_c^2}{\beta r}\frac{\partial E_z}{\partial \theta}\right] \end{aligned}$$

$$\therefore\ E_\theta = \frac{j}{k_c^2}\left[-\frac{\beta}{r}\frac{\partial E_z}{\partial \theta} + \omega\mu\frac{\partial H_z}{\partial r}\right] \tag{3-38}$$

을 얻을 수 있다.

같은 방식으로 식 (3-29)과 식 (3-34)에서

$$\therefore\ H_\theta = -\frac{j}{k_c^2}\left[\omega\epsilon\frac{\partial E_z}{\partial r} + \frac{\beta}{r}\frac{\partial H_z}{\partial \theta}\right] \tag{3-39}$$

을 얻을 수 있다.

여기서 원형 도파관내의 전자기 분포를 정리하면 아래 6가지 식으로 나타낼 수 있다.

$$E_r = -\frac{j}{k_c^2}\left[\beta\frac{\partial E_z}{\partial r} + \frac{\omega\mu}{r}\frac{\partial H_z}{\partial \theta}\right] \tag{3-40}$$

$$E_\theta = \frac{j}{k_c^2}\left[-\frac{\beta}{r}\frac{\partial E_z}{\partial \theta} + \omega\mu\frac{\partial H_z}{\partial r}\right] \tag{3-41}$$

$$H_r = \frac{j}{k_c^2}\left[\frac{\omega\epsilon}{r}\frac{\partial E_z}{\partial \theta} - \beta\frac{\partial H_z}{\partial r}\right] \tag{3-42}$$

$$H_\theta = -\frac{j}{k_c^2}\left[\omega\epsilon\frac{\partial E_z}{\partial r} + \frac{\beta}{r}\frac{\partial H_z}{\partial \theta}\right] \tag{3-43}$$

$$\nabla_t^2 E_z = -k_c^2 E_z \tag{3-44}$$

$$\nabla_t^2 H_z = -k_c^2 H_z \tag{3-45}$$

여기서, $(k_c^2 = k^2 - \beta^2)$이며, t는 (r, θ) 평면을, z는 횡방향(진행 방향)을 나타내고 있다.

2) 베셀 방정식

스칼라의 헬름홀츠 방정식은 식 (3-17)로 부터 원통 좌표계로 다음과 같이 나타낸다.

$$\begin{aligned}\nabla_t^2 \psi &= \frac{1}{r}\frac{\partial}{\partial r}\left[r\frac{\partial \psi}{\partial r}\right] + \frac{1}{r^2}\frac{\partial^2 \psi}{\partial \theta^2} \\ &= \frac{\partial^2 \psi}{\partial \theta^2} + \frac{1}{r}\frac{\partial \psi}{\partial r} + \frac{1}{r^2}\frac{\partial^2 \psi}{\partial \theta^2} \\ &= -k_c^2 \psi\end{aligned} \tag{3-46}$$

여기서, $(\psi = E_z)$이다.

$$\frac{\partial^2 \psi}{\partial \theta^2} + \frac{1}{r}\frac{\partial \psi}{\partial r} + \frac{1}{r^2}\frac{\partial^2 \psi}{\partial \theta^2} = -k_c^2 \psi \tag{3-47}$$

에서 변수 분리를 실시하고,

$$\psi = R_{(r)} \cdot F_{(\theta)} \tag{3-48}$$

$R_{(r)}$은 r만의 함수, $F_{(\theta)}$는 θ만의 함수로서 다음 식으로 변환된다.

$$R''F + \frac{1}{r}R'F + \frac{1}{r^2}RF'' = -k_c^2 RF \tag{3-49}$$

$$r^2\frac{R''}{R} + r\frac{R'}{R} + k_c^2 r^2 = -\frac{F''}{F} \tag{3-50}$$

여기서 왼쪽 변은 r만의 함수, 오른쪽 변은 θ만의 함수가 된다. 양변이 모든 r과 θ의 값에 대해 같다면, 양변은 정수 n^2과 같아야한다. 따라서 우변은

$$-\frac{F''}{F} = n^2 \tag{3-51}$$

가 되고,

$$\therefore\ F'' + n^2 F = 0 \tag{3-52}$$

은, 단진동 방정식이므로

$$F = A\cos(n\theta) + B\sin(n\theta) \tag{3-53}$$

가 되는 해를 가진다.

한편 왼쪽 항은

$$r^2\frac{R''}{R} + r\frac{R'}{R} + k_c^2 r^2 = n^2 \tag{3-54}$$

즉,

$$\therefore\ R'' + \frac{1}{r}R' + \left[k_c^2 - \frac{n^2}{r^2}\right]R = 0 \tag{3-55}$$

를 얻을 수 있으며, 이것은 베셀의 미분방정식이라고 한다. 이 해는 n 차의 베셀 함수로 나타나며,

$$R = C \bullet J_{n(k_c r)} + D \bullet N_{n(k_c r)} \tag{3-56}$$

고 주어진다. 따라서 식 (3-47)의 해는

$$\therefore\ \psi = [C \bullet J_{n(k_c r)} + D \bullet N_{n(k_c r)}][A \bullet \cos(n\theta) + B \bullet \sin(n\theta)] \tag{3-57}$$

로 얻어진다.

3.2.4 베셀 방정식

$$\text{베셀 미분 방정식}\quad \frac{d^2R}{dr^2} + \frac{1}{r}\frac{dR}{dr} + \left[k_c^2 - \frac{n^2}{r^2}\right]R = 0 \tag{3-58}$$

의 해는 다음 식으로 주어진다.

$$R = A\,J_{n(k_c r)} + B N_{n(k_c r)} \qquad (3\text{-}59)$$

여기서, $J_{n(k_c r)}$는 베셀함수라고 불리며,

$$J_{n(k_c r)} = \sum_{m=0}^{\infty} \frac{(-1)^m (k_c r/2)^{n+2m}}{m!\,(n+m)!} \qquad (3\text{-}60)$$

로 나타나며, 그림 3-4에 그 함수가 나타나있다.

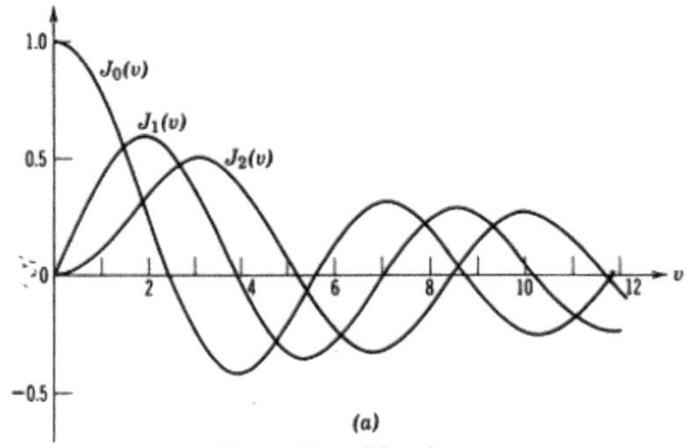

(a)

Zeros of Bessel functions

J_0	J_1	J_2	N_0	N_1	N_2
2.405	3.832	5.136	0.894	2.197	3.384
5.520	7.016	8.417	3.958	5.430	6.794
8.654	10.173	11.620	7.086	8.596	10.023

Zeros of derivatives of Bessel functions

J'_0	J'_1	J'_2	N'_0	N'_1	N'_2
0.000	1.841	3.054	2.197	3.683	5.003
3.832	5.331	6.706	5.430	6.942	8.351
10.173	8.536	9.969	8.596	10.123	11.574

그림 3-4 베셀함수 [1]

또한, $N_{n(k_c r)}$는 노이만 함수라고 불리며,

$$N_{n(k_c r)} = \frac{\cos(n\pi) J_{n(k_c r)} - J_{-n(k_c r)}}{\sin(n\pi)} \qquad (3\text{-}61)$$

로 나타내며, 그림 3-5에 그 함수를 표시한다. 베셀 함수에 대해 도움이 되는 공식은 다음과 같다.

$$J_0'{}_{(v)} = -J_{1_{(v)}} \tag{3-62}$$

$$J_1'{}_{(v)} = J_{0_{(v)}} - \frac{1}{v} J_{1_{(v)}} \tag{3-63}$$

$$\int vJ_n^2(\alpha v)dv = \frac{v^2}{2}[J_n^2(\alpha v) - J_{n-1}(\alpha v)\,J_{n+1}(\alpha v)] \tag{3-64}$$

$$= \frac{v^2}{2}\left[J_n'^2(\alpha v) - 1 - \frac{n^2}{\alpha^2 v^2} J_n^2(\alpha v)\right]$$

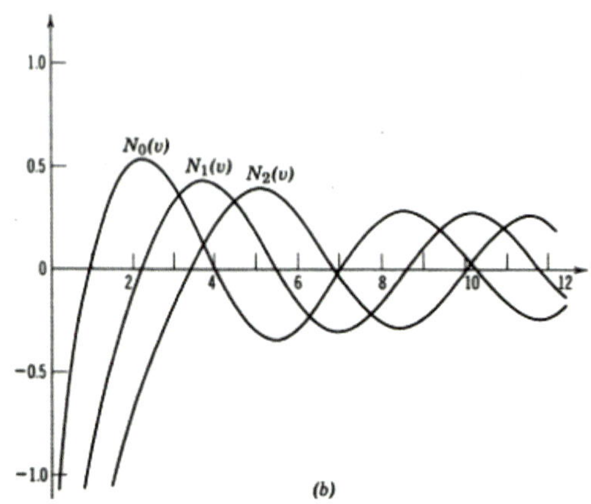

그림 3-5 노이만 함수 [1]

3.2.5 TM 모드와 TE 모드

TM 모드는 Transverse Magnetic Mode라고 불리며, (H_z=0)이다.

헬름홀츠 방정식 (3-44)에서, $\nabla_t^2 E_z = -k_c^2 E_z$는 그 해가 식 (3-57)에 의해서,

$$E_{z(r,\theta)} = [A' J_{n(k_c r)} + B' N_{n(k_c r)}][C' \cos(n\theta) + D' \sin(n\theta)] \tag{3-65}$$

로 주어진다. 여기서 오른쪽 변 제1항은 그림 3-5로부터 $r=0$ 에서는

$$N_{n(k_c r)} = -\infty, \quad \therefore\ B' = 0 \tag{3-66}$$

가 된다. 또한 오른쪽 변 제 2항은

$$C'\cos(n\theta) + D'\sin(n\theta) = C''\cos(n\theta + \phi) \tag{3-67}$$

가 되고, 여기서 ($\Phi = 0$)이라고 하면, 식 (3-67)은

$$E_z = A' J_{n(k_c r)} \cdot C''\cos(n\theta) \tag{3-68}$$

되어 최종적으로,

$$\therefore\ E_z = A J_{n(k_c r)} \cos(n\theta) \tag{3-69}$$

을 얻을 수 있다. TM 모드의 조건으로서

$$H_z = 0 \tag{3-70}$$

과 식 (3-69), 나아가 식 (3-40,41,42,43)을 이용하여 계산함으로써,

$$E_r = -j\frac{\beta}{k_c^2}\frac{\partial E_z}{\partial r} = -\frac{j\beta}{k_c} A J'_{n(k_c r)} \cos(n\theta) \tag{3-71}$$

$$E_\theta = \frac{j}{k_c^2}\left[\frac{\beta}{r}\frac{\partial E_z}{\partial \theta}\right] = \frac{j\beta n}{k_c^2 r} A J_{n(k_c r)} \sin(n\theta) \tag{3-72}$$

$$H_r = \frac{j}{k_c^2}\left[\frac{\omega\epsilon}{r}\frac{\partial E_z}{\partial \theta}\right] = \frac{j\omega\epsilon n}{k_c^2 r} A J_{n(k_c r)} \sin(n\theta) \tag{3-73}$$

$$H_\theta = -\frac{j}{k_c^2}\left[\omega\epsilon\frac{\partial E_z}{\partial r}\right] = -\frac{j\omega\epsilon}{k_c} A J'_{n(k_c r)} \cos(n\theta) \tag{3-74}$$

을 얻을 수 있다. 그림 3-3에서 $r = a$ 에서는 완전도체가 되는 경계조건으로부터

$$E_z = 0,\quad E_\theta = 0\ (at\quad r = a) \tag{3-75}$$

가 된다. 또한 식 (3-69)과 식 (3-72)로 부터

$$\therefore\quad J_{n(jnl)} = 0 \tag{3-76}$$

가 도출되어, 따라서

$$k_c a = \frac{2\pi a}{\lambda_c} = jnl \tag{3-77}$$

을 얻을 수 있다. **TE 모드**는 Transverse Electric Mode로 불리며 ($E_z = 0$) 이다.

헬름홀츠 방정식 (3-45)에서 $\nabla_t^2 H_z = -k_c^2 H_z$로부터 마찬가지로

$$\therefore\ H_z = BJ_{n(k_c r)} \cos(n\theta) \tag{3-78}$$

을 얻을 수 있다. TE 모드의 조건으로서

$$E_z = 0 \tag{3-79}$$

와 식 (3-78), 게다가 식 (3-40, 41, 42, 43)을 이용하여 계산함으로써,

$$E_r = -\frac{j}{k_c^2}\left[\frac{\omega\mu}{r}\frac{\partial H_z}{\partial\theta}\right] = -\frac{j\omega\mu n}{k_c^2 r} BJ_{n(k_c r)} \sin(n\theta) \tag{3-80}$$

$$E_\theta = \frac{j}{k_c^2}\left[\omega\mu\frac{\partial H_z}{\partial r}\right] = -\frac{j\omega\mu}{k_c} BJ'_{n(k_c r)} \cos(n\theta) \tag{3-81}$$

$$H_r = -\frac{j}{k_c^2}\left[\beta\frac{\partial H_z}{\partial r}\right] = -\frac{j\beta}{k_c} BJ'_{n(k_c r)} \cos(n\theta) \tag{3-82}$$

$$H_\theta = -\frac{j}{k_c^2}\left[\frac{\beta}{r}\frac{\partial H_z}{\partial\theta}\right] = -\frac{j\beta n}{k_c^2 r} BJ_{n(k_c r)} \sin(n\theta) \tag{3-83}$$

을 얻을 수 있다. 같은 방식으로 완전도체가 되는 경계조건에서

$$E_\theta = 0\ \ (at\ \ r = a) \tag{3-84}$$

가 되고, 게다가 식 (3-80)로 부터

$$\therefore\ J'_{n(j'nl)} = 0 \tag{3-85}$$

가 도출되어, 따라서

$$k_c a = \frac{2\pi a}{\lambda_c} = j'nl \tag{3-86}$$

을 얻을 수 있다. 여기서, 원형 도파관에서의 각 TM, TE 모드의 상대적인 차단 주파수 (f_c)를 그림 3-6에 나타낸다. 또 각 TM, TE 모드의 원형 도파관 내부의 전자계 분포를 그림 3-7에 나타낸다.

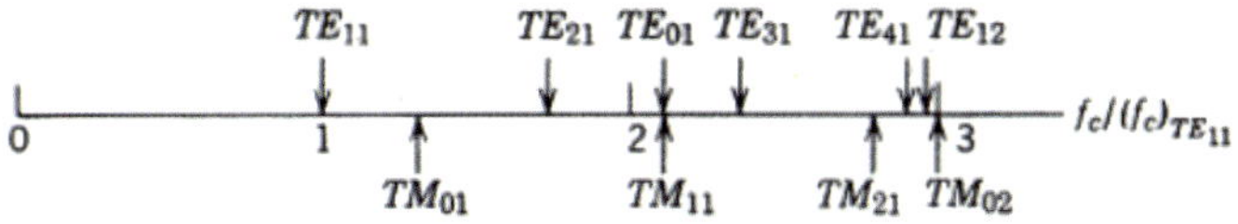

그림 3-6 원형 도파관의 차단 주파수 [1]

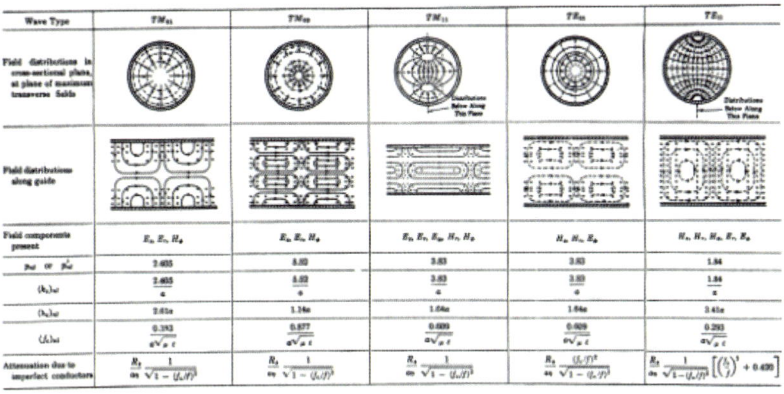

Wave Type	TM_{01}	TM_{02}	TM_{11}	TE_{01}	TE_{11}
Field distributions in cross-sectional plane, at plane of maximum transverse fields			Distributions Below Along This Plane		Distributions Below Along This Plane
Field distributions along guide					
Field components present	E_z, E_r, H_ϕ	E_z, E_r, H_ϕ	$E_z, E_r, E_\phi, H_r, H_\phi$	H_z, H_r, E_ϕ	$H_z, H_r, H_\phi, E_r, E_\phi$
p_{nl} or p'_{nl}	2.405	5.52	3.83	3.83	1.84
$(k_c)_{nl}$	$\frac{2.405}{a}$	$\frac{5.52}{a}$	$\frac{3.83}{a}$	$\frac{3.83}{a}$	$\frac{1.84}{a}$
$(\lambda_c)_{nl}$	2.61a	1.14a	1.64a	1.64a	3.41a
$(f_c)_{nl}$	$\frac{0.383}{a\sqrt{\mu\epsilon}}$	$\frac{0.877}{a\sqrt{\mu\epsilon}}$	$\frac{0.609}{a\sqrt{\mu\epsilon}}$	$\frac{0.609}{a\sqrt{\mu\epsilon}}$	$\frac{0.293}{a\sqrt{\mu\epsilon}}$
Attenuation due to imperfect conductors	$\frac{R_s}{a\eta}\frac{1}{\sqrt{1-(f_c/f)^2}}$	$\frac{R_s}{a\eta}\frac{1}{\sqrt{1-(f_c/f)^2}}$	$\frac{R_s}{a\eta}\frac{1}{\sqrt{1-(f_c/f)^2}}$	$\frac{R_s}{a\eta}\frac{(f_c/f)^2}{\sqrt{1-(f_c/f)^2}}$	$\frac{R_s}{a\eta}\frac{1}{\sqrt{1-(f_c/f)^2}}\left[\left(\frac{f_c}{f}\right)^2+0.420\right]$

그림 3-7 원형 도파관의 파형 유형 요약 [1]

3.3 필박스 가속관

지금까지 도출한 식을 기초로 하여, 그림 3-8에 보이는 필박스 가속관에서 기술하는 기본 고조파 파라미터를 실제로 해석적 방법으로 계산한다.

- TM-01 모드
- 가속 모드
- 공진 주파수 : f_o
- 축적 에너지 : W_s

- 고조파 손실 : P_d
- 고조파 표면저항 : R_s
- 품질 인자 : Q
- 가속관 형상인자 : G
- 통과시간 인자 : T
- 가속 전기장 : E_{acc}
- shunt 저항 : R_{sh}
- 가속 모드의 임피던스 : R/Q
- 에너지 이득 : E

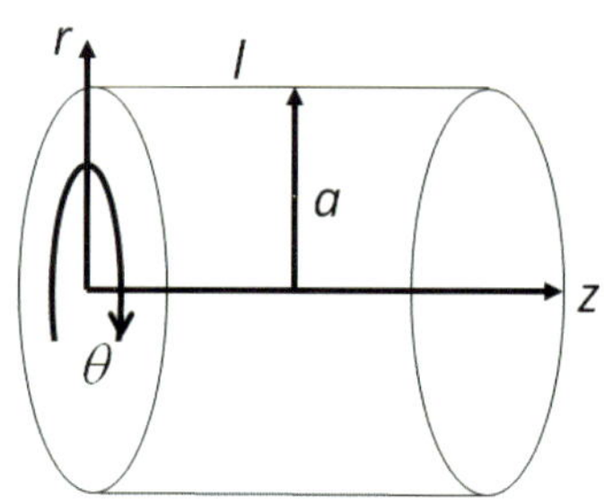

그림 3-8 필박스 가속관(원통형 공진기)

3.3.1 TM-01 모드

TM-01 모드: $(n=0, l=1)$에 있어서 조건 $(TM, n=0, l=1)$으로서

$$H_z = 0,\ E_\theta = 0,\ H_r = 0 \tag{3-87}$$

가 주어지고, 또한 그림 3-8의 $r=a$에서는 완전도체가 되는 경계조건으로부터

$$k_c a = j_{01} = 2.405 \tag{3-88}$$

을 이용하여

$$E_{z(r=a)} = 0 \tag{3-89}$$

$$\therefore\ J_{n(jnl)} = J_{0(j01)} = J_{0(k_c a)} = 0$$

가 구해진다. 여기서 $n=0$과 식 (3-69)에서,

$$E_z = AJ_{0(k_c r)} \tag{3-90}$$

식 (3-70) 에서,

$$E_r = -\frac{j\beta}{k_c}AJ'_{0(k_c r)} = \frac{j\beta}{k_c}AJ_{1(k_c r)} \tag{3-91}$$

식 (3-74)에서,

$$H_\theta = -\frac{j\omega\epsilon}{k_c}AJ'_{0(k_c r)} = \frac{j\omega\epsilon}{k_c}AJ_{1(k_c r)} \tag{3-92}$$

가 TM-01모드의 전자기장 분포의 해로서 구해진다.

3.3.2 가속 모드 : TM010 모드

필박스 가속관내 가속모드(TM010 모드)의 고조파 전자기장 분포는 경계 조건에서

$$H_z = 0 \tag{3-93}$$

$$E_r = 0$$

$$H_r = 0$$

$$E_\theta = 0$$

이 되며, 다음 식에서 나타내는 $E_{z(r)}$와 $H_{\theta(r)}$의 두 성분만이 존재한다

$$E_{z(r)} = E_0 J_{0(kr)} \cos(\omega t) \tag{3-94}$$

$$H_{\theta(r)} = -\left(\frac{E_0}{Z_0}\right) J_{1(kr)} \sin(\omega t) \tag{3-95}$$

여기서,

$$Z_0 = E_0 / H_0 = (\epsilon_0 / \mu_0)^{0.5} = 120\pi = 377\Omega \tag{3-96}$$

가 이용된다. 필박스 가속관 내부 가속 모드의 전자계 분포 모습을 $E_{z(r)}$와 $H_{\theta(r)}$에 대해서 그림 3-9에 보이고 있다.

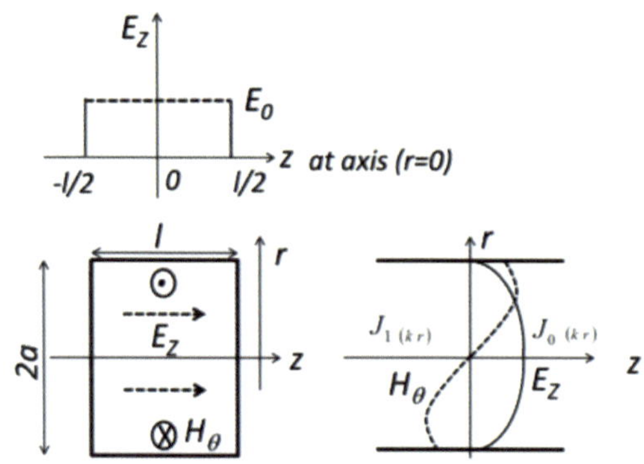

그림 3-9 가속 모드 (TM-010 mode)

3.3.3 공진주파수 : f_o[Hz]

공진 조건에서

$$J_{0(j01)} = 0, \quad ka = j_{01} = 2.405 \tag{3-97}$$

공진 파장 (λ)는

$$\lambda = \frac{2\pi}{k} = \frac{2\pi}{2.405} a = 2.612a \ [m] \tag{3-98}$$

가속관 길이(l)는

$$l = \frac{\lambda}{2} = 1.306a \ [m] \tag{3-99}$$

공진 주파수(f_o)는

$$f_o = \frac{c}{\lambda} = \frac{2.998 \times 10^8 {}_{[m/s]}}{2.612a_{[m]}} = 114.8/a \ [MHz] \tag{3-100}$$

주어진다.

3.3.4 축적 에너지 : Ws [J]

가속관 내에 축적된 전자기장 에너지는 그 내부의 전기장 분포의 제곱을 부피 적분, 혹은 자기장 분포의 제곱을 부피 적분함으로써 다음과 같이 계산된다.

$$Ws = \frac{1}{2}\epsilon_0 \int^V E_z^2 dV = \frac{1}{2}\mu_0 \int^V H_\theta^2 dV \tag{3-101}$$

$$= \frac{1}{2}\epsilon_0 \int_0^a l \cdot 2\pi r \cdot E_z^2 dr$$

$$= \epsilon_0 \pi l E_0^2 \int_0^a r \cdot J_{0(kr)}^2 dr$$

벡터 공식 (3-64)로 부터

$$\int_0^a r J_{0(kr)}^2 dr = \left[\frac{r^2}{2}(J'^2_{0(kr)} + J^2_{0(kr)}\right]_0^a \tag{3-102}$$

$$= \frac{a^2}{2}\left[J'^2_{0(ka)} + J^2_{0(ka)}\right]$$

$$= \frac{a^2}{2} J^2_{1(j01)}$$

을 얻을 수 있다. 여기서 $J_{0(ka)} = J_{0(j01)} = 0$, $J'_{0(v)} = -J_{1(v)}$를 이용하여

$$\therefore \; W_S = \frac{\pi}{2}\epsilon_0 a^2 l E_0^2 J^2_{1(j01)} \tag{3-103}$$

로 되며, 여기에

$$[J_{1(j01)} = 0.519, \; j01 = 2.405] \tag{3-104}$$

을 대입하는 것으로 계산된다.

3.3.5 고조파 손실 : P_d[W]

필박스 가속관이 상전도로 제작되었다고 하면, 그 고조파 표면 저항(R_s)와 표피 두께(δ)는

다음 식으로 주어진다.

- 고조파 표면 저항

$$R_S = \sqrt{\frac{\omega\mu}{2\sigma}} = \frac{1}{\sigma\delta} \tag{3-105}$$

- 표피두께 ; δ

$$\delta = \sqrt{\frac{2}{\omega\mu\sigma}} \tag{3-106}$$

고조파 손실은 가속관의 표면 자기장에 대하여 가속관 표면에 대하여 면적 적분함으로써 다음 식과 같이 계산된다.

$$\begin{aligned} P_d &= \frac{1}{2} R_S \int^A H_\theta^2 \, dA \qquad (3\text{-}107) \\ &= \frac{1}{2} R_S \left[\left(\frac{E_0}{Z_0} \right)^2 J_{1(ka)}^2 \, 2\pi a l + 2 \int_0^a \left(\frac{E_0}{Z_0} \right)^2 J_{1(kr)}^2 \, 2\pi r \, dr \right] \end{aligned}$$

여기서, 오른쪽 제1항은 원통부에서의 손실이고, 제2항은 양쪽 끝단에서의 손실이며, 전체 손실은 그 합으로 나타내어

$$= \pi R_S \frac{E_0^2}{Z_0^2} \left[a l J_{1(ka)}^2 + 2 \int_0^a r \bullet J_{1(ka)}^2 \, dr \right] \tag{3-108}$$

가 된다.

같은 방식으로 벡터 공식 (3-64)을 이용하여

$$\begin{aligned} \int_0^a r J_{1(kr)}^2 \, dr &= \left[\frac{r^2}{2} J'^2_{1(kr)} + \left(1 - \frac{1}{k^2 r^2} \right) J_{1(kr)}^2 \right]_0^a \qquad (3\text{-}109) \\ &= \frac{a^2}{2} \left[J'^2_{1(ka)} + \left(1 - \frac{1}{k^2 a^2} \right) J_{1(ka)}^2 \right] \\ &= \frac{a^2}{2} \left[\left(J_{0(ka)} - \frac{1}{ka} J_{1(ka)} \right)^2 + \left(1 - \frac{1}{k^2 a^2} \right) J_{1(ka)}^2 \right] \end{aligned}$$

$$= \frac{a^2}{2}\left[\frac{1}{k^2a^2}J_{1(ka)}^2 + J_{1(ka)}^2 - \frac{1}{k^2a^2}J_{1(ka)}^2\right]$$

$$= \frac{a^2}{2}J_{1(j01)}^2$$

라고 되며, 여기서

$$J_{0(ka)} = J_{0(j01)} = 0,\quad J'_{1(v)} = J_{0(v)} - \frac{1}{v}J_{1(v)}$$

을 이용하여

$$\therefore\ P_d = \pi R_S \frac{E_0^2}{Z_0^2}\left[alJ_{1(j01)}^2 + a^2J_{1(j01)}^2\right] \tag{3-110}$$

$$= \pi R_S \frac{E_0^2}{Z_0^2}a(a+l)J_{1(j01)}^2$$

을 얻을 수 있고, 여기에

$$[J_{1(j01)} = 0.519,\quad j_{01} = 2.405]$$

대입하는 것으로 계산된다.

3.3.6 Q 값

가속관내 축적 에너지(W_s)와 가속관의 고조파 손실(P_d)의 비는 Q값이라고 불리며, 다음 식으로 정의된다.

$$Q = \frac{\omega W_S}{P_d} = \frac{\omega\mu_0\int^V H_\theta^2\,dV}{R_S\int^A H_\theta^2\,dA} \tag{3-111}$$

$$= \frac{\omega(\pi/2)\epsilon_0 a^2 l E_0^2 J_{1(j01)}^2}{\pi R_S(E_0^2/Z_0^2)a(a+1)J_{1(j01)}^2}$$

$$= \frac{\omega\epsilon_0 Z_0^2 al}{2R_S(a+l)}$$

가 되고,

$$\therefore \ Q = \frac{1}{R_S}\left[\frac{l \cdot Z_0}{2(a+l)}\right] \cdot ka \tag{3-112}$$

$$= \frac{1}{R_S}[j_{01} \cdot l \cdot Z_0 / 2(a+l)]$$

을 얻을 수 있다. 여기서 $j_{01} = ka$이다.

3.3.7 형상 인자 : $G[\Omega]$

가속관내 자기장의 제곱의 부피 적분과 표면 자기장의 제곱 면적적분 비율은 형상 인자(G)라고 불리며 주파수에 의존하지 않는 형상만으로 결정되는 파라미터이다. 따라서 가속관의 크기가 달라도 형상이 같으면, 같은 값을 가지며 다음 식으로 나타난다.

$$G = \frac{\omega \mu_0 \int^V H_\theta^2 \, dV}{\int^A H_\theta^2 \, dA} \tag{3-113}$$

$$= j_{01} \cdot l \cdot Z_0 / 2(a+l)$$

또한, 가속관 Q값은 이 형상인자(G)와 고조파 표면저항(R_s)을 이용하여 다음 식으로도 나타낼 수 있다.

$$\therefore \ Q = \frac{G}{R_S} \tag{3-114}$$

3.3.8 통과시간 인자 : T

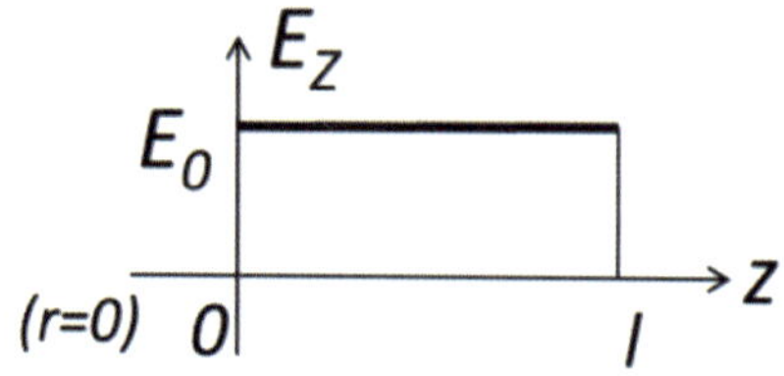

그림 3-10 가속관 축에 대한 전기장

축상의 전기장이 그림 3-10에 나타나듯이, 일정한 값인 E_0일 때, 그 전압은 길이(0 → l)로 적분함으로써,

$$V_{max} = \int_0^l E_0 \, dz = E_0 \cdot l \tag{3-115}$$

으로 계산된다.

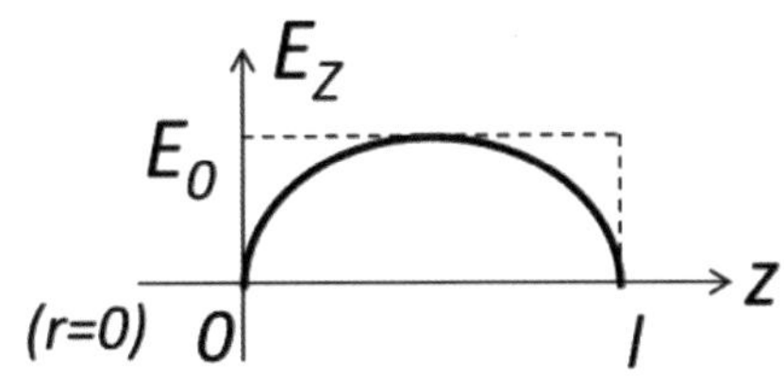

그림 3-11 시간에 따른 전기장

한편, 입자가 가속관 내를 통과하는 동안에는 그림 3-11에 나타내는 바와 같이 z 축상의 전기장이 시간 변화하는 것을 고려함으로써,

$$E_Z = E_0 \cos(\omega_0 t + \phi) \tag{3-116}$$

이다. 여기서, ϕ는 $t = 0$에서의 입자 위치에 관한 임의의 위상이다. 여기서, v를 입자의 속도, l를 가속관의 유효 길이로 하면

$$\omega_0 = 2\pi c / \lambda_0 = k_0 c$$

$$t = Z / v$$

$$\phi = -\pi c l / \lambda_0 v \quad (\text{최대조건})$$

의 관계가 주어진다. 축 위의 입자가 실제로 감지하는 실효 전압(V)은 식을 가속관 길이로 적분함으로써 주어지며,

$$V = \int_0^l E_Z \, dz = \int_0^l E_0 \cos(\omega_0 t + \phi) \, dz \tag{3-117}$$

$$= \frac{V_{max}}{l} \frac{\lambda_0 v}{2\pi c} \left[\sin\left(\frac{2\pi c}{\lambda_0 v} z + \phi \right) \right]_0^l$$

$$= V_{\max} \cdot \sin\left(\frac{\pi c l}{\lambda_0 v}\right) \Big/ \left(\frac{\pi c l}{\lambda_0 v}\right)$$

$$= V_{\max} \cdot T$$

가 된다. 여기서 T는 통과시간 인자라고 불린다.

$$\therefore \quad T = \sin\left(\frac{\pi cl}{\lambda_0 v}\right) \Big/ \left(\frac{\pi cl}{\lambda_0 v}\right) \tag{3-118}$$

여기서 $v = c$, $l = \lambda_0/2$ 때에는

$$T = \sin(\pi/2)/(\pi/2) = 0.637 \tag{3-119}$$

가 얻어진다

3.3.9 가속 전기장 : E_{acc} [V/m]

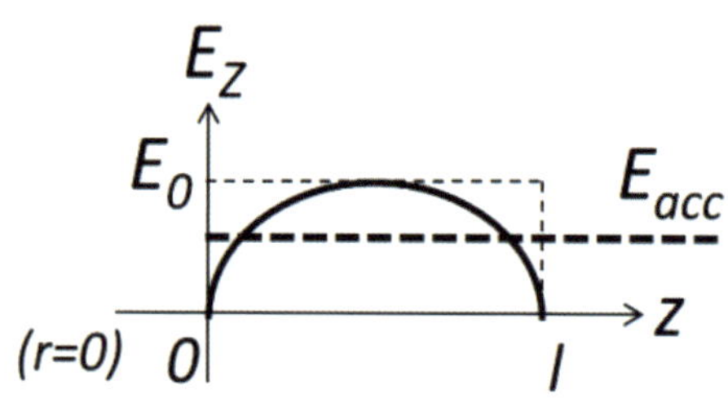

그림 3-12 가속 구배, E_{acc}

가속 전기장(E_{acc})은 그림 3-12에 나타낸 바와 같이 z축 상의 전기장이 시간 변화하는 것을 고려한

$$E_Z = E_0 \cos(\omega_0 t + \phi) \tag{3-120}$$

와, 다음 식에서 주어지는 통과시간 인자(T)

$$T = \frac{V}{V_{\max}} = \frac{\int_0^l E_0 \cos(\omega t + \phi)\, dz}{\int_0^l E_0\, dz} \tag{3-121}$$

로 부터,

$$E_{acc} = \frac{V}{l} = \frac{T \cdot V_{\max}}{l} = E_0 \cdot T \tag{3-122}$$

로 주어진다. 보다 일반적인 경우에는

$$k = 2\pi / \lambda \tag{3-123}$$

이용하여

$$E_Z = E_{Z(z,\, r\,=\,0)} \cos(k \cdot z) \tag{3-124}$$

라고 나타냄으로써 가속 전기장을

$$E_{acc} = \frac{1}{l} \int_{-l/2}^{l/2} E_{Z(z,\, r\,=\,0)} \cos(k \cdot z)\, dz \tag{3-125}$$

로도 나타낼 수 있다.

3.3.10 션트 저항: $R_{sh}[\Omega]$

션트 저항(R_{sh})은 고조파 손실을 일정하게 했을 때에 가능한 높은 가속 전기장을 발생하기 위한, 가속관의 가속 효율을 얻기 위한 지표이다.

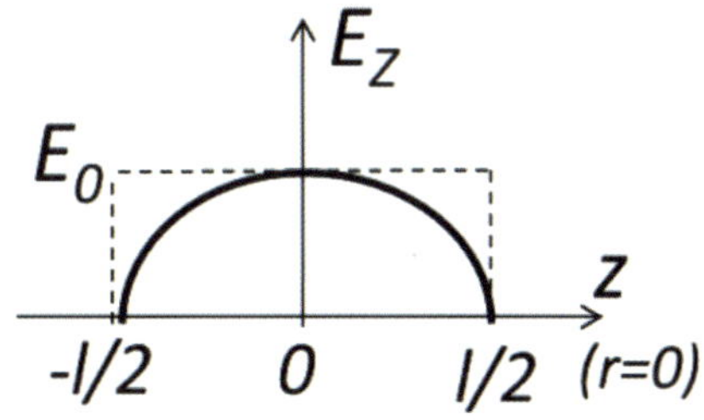

그림 3-13 입자에 의한 유효 전기장

가속관내를 통과하는 입자가 감지하는 실효적인 전기장이 그림 3-13에 의해 표시될 때 가속전압(V)은

$$V = \int_{-l/2}^{l/2} E_Z\,dz = 2\int_{0}^{l/2} E_0 \cos(k \cdot z)\,dz \tag{3-126}$$

$$= E_0 \cdot \sin\left(\frac{\pi l}{\lambda}\right) \bigg/ \left(\frac{\pi}{\lambda}\right)$$

로 주어지며, 션트 저항(R_{sh})은 식 (3-126)의 가속전압과 식 (3-107)의 가속관 손실과의 비를 취하므로 다음 식으로 계산된다.

$$R_{sh} = \frac{V^2}{P_d \cdot l} \tag{3-127}$$

$$= [E_0 \cdot \sin(\pi l/\lambda)/(\pi/\lambda)]^2 / \pi R_S \frac{E_0^2}{Z_0^2} a(a+l) J_{1(j01)}^2\, l$$

$$= \frac{1}{R_S}\left[\frac{\sin(\pi l/\lambda)}{\pi l/\lambda}\right]^2 \frac{j01 \cdot l \cdot Z_0}{2(a+l)} \frac{4Z_0}{(j01)^2 J_{1(j01)}^2} \frac{1}{\lambda}$$

$$\therefore\ R_{sh} = \frac{1}{R_s} \cdot T^2 \cdot G \cdot G_1 \cdot \frac{1}{\lambda} \tag{3-128}$$

여기서, T는 식 (3-121)으로 표시되는 통과시간 인자, G는 식 (3-113)으로 표시되는 형상인자이고 G_1은 상수로 계산할 수 있다.

3.3.11 R/Q : [Ω]

R/Q는 가속관 손실에 의존하지 않는 (즉, 표면저항에 관계없이, 상전도나 초전도나 같은 방식으로) 순수하게 가속관 형상으로 결정되는 파라미터이며 가속 효율이 좋은 가속관 설계에서 중요한 역할을 한다. R/Q는 식 (3-127)으로 나타나는 션트 저항과 식 (3-111)으로 표시되는 Q값의 비로부터 주어지며, 다음 식에서 계산된다.

$$R/Q = \frac{V^2}{P_d \cdot l} \cdot \frac{P_d}{\omega \cdot W_s} = \frac{V^2}{\omega \cdot W_s \cdot l} \tag{3-129}$$

$$= E_0^2 \cdot [\sin(\pi l/\lambda)/(\pi/\lambda)]^2 / \frac{\pi}{2}\epsilon_0 a^2 l E_0^2 J_{1(j01)}^2 \cdot \omega l$$

$$= \left[\frac{\sin(\pi l/\lambda)}{\pi l/\lambda}\right]^2 \cdot [4Z_0/(j01)^2 J_{1(j01)}^2] \cdot \frac{1}{\lambda}$$

$$\therefore\ R/Q = G_1 \cdot T^2 \cdot \frac{1}{\lambda} \tag{3-130}$$

여기서 T는 식 (3-121)으로 표시되는 통과시간 인자이며, G_1은 식 (3-128)과 같으며, 상수로써 계산될 수 있다.

3.3.12 에너지 이득 : E[eV]

가속관 내를 통과하는 입자가 얻는 에너지 이득은 가속 전압(V_{acc})을

$$V_{acc} = L_{cavity} \cdot E_{acc} \tag{3-131}$$

로 하여 다음 식부터 계산된다.

$$\text{에너지 이득 [eV]} = q \cdot L_{cavity} \cdot E_{acc} \cdot \cos\phi \tag{3-132}$$

여기서, E_{acc} : 가속 전기장

L_{cavity} : 유효 가속관 길이

ϕ : 동기 위상(가속 전기장과 입자 사이의 위상차)이다.

3.3.13 가속관의 고조파 파라미터 정리

지금까지 도출하고 계산한 고조파 가속관의 가속 모드에 있어서 주요 고조파 파라미터 정리는 다음과 같다.

- 고조파 전기장 ([V/m])

$$\vec{E}\exp(j\omega t) \tag{3-133}$$

- 고조파 자기장 ([A/m])

$$\vec{H}\exp j\left(\omega t + \frac{\pi}{2}\right) \tag{3-134}$$

• 가속 전기장 ([V/m])

$$E_{acc} = \frac{1}{l}\int_{-l/2}^{l/2} E_{z(z,\,r=0)}\cos(k \bullet z)\,dz \tag{3-135}$$

• 고조파 손실([W])

$$P_d = \frac{R_s}{2}\int^{A} |\overrightarrow{H}|^2 dA \tag{3-136}$$

• 축적 에너지([J])

$$W_s = \frac{\mu_0}{2}\int^{V} |\overrightarrow{H}|^2 dV \tag{3-137}$$

$$= \frac{\epsilon_0}{2}\int^{V} |\overrightarrow{E}|^2 dV$$

• Q값

$$Q = \frac{\omega_0 W_s}{P_d} = \frac{G}{R_s} \tag{3-138}$$

• 가속관 형상인자([Ω])

$$G = \omega_0 \mu_0 \frac{\int^{V} |\overrightarrow{H}|^2 dV}{\int^{A} |\overrightarrow{H}|^2 dA} \tag{3-139}$$

• 션트 저항([Ω])

$$R_{sh} = \frac{V_{acc}^2}{P_d} = \frac{E_{acc}^2}{P_d} L_{cavity}^2 \tag{3-140}$$

• 가속 모드의 임피던스([Ω])

$$\left(\frac{R}{Q}\right) = \frac{E_{acc}^2}{\omega W_s} L_{cavity}^2 \tag{3-141}$$

3.4 초전도 가속관

3.4.1 가속관 형상

필박스 가속관과 같은 가속관 형상에서는 그림 3-14에서 보듯이 가속관의 몸통에서 전자 공명 현상인 멀티팩팅(multipacting)이 발생함으로써 가속관 성능이 제한될 수 있다. 따라서 실제 초전도 가속관에서 이를 억제하기 위해 그림 3-15에 나타내는 것과 같은 원호를 그리는 구형에 가까운 셀 형상이 된다. 또한 빔 파이프와의 접속부(셀과 셀간의 부위로 아이리스부라 칭한다)에서는 표면 전기장이 높고 전기장 방출 전자가 발생하기 쉬우므로 표면 전기장을 낮추기 위해 타원 형상으로 하여 가능한 매끄럽게 접속한다. 셀 형상으로서는 성형 가공과 세정 공정 등이 용이하게 이루어질 수 있음을 고려하여 설계되는 것이 바람직하다.

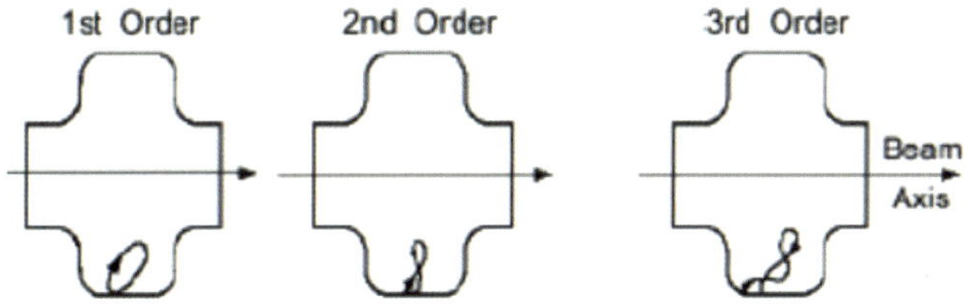

그림 3-14 중앙부에서 멀티팩팅 [3]

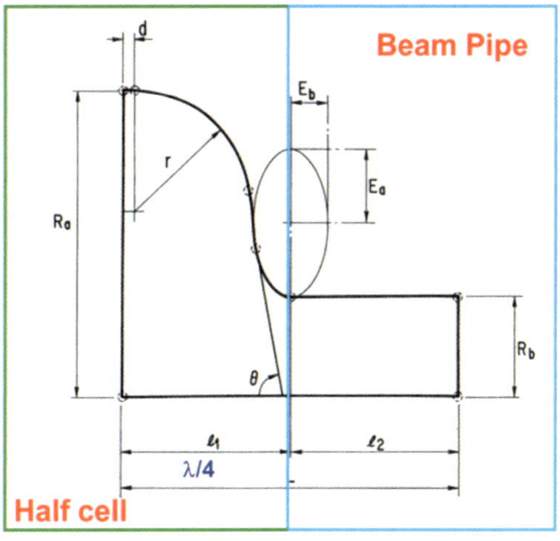

그림 3-15 초전도 가속관의 모양

3.4.2 SUPERFISH에 의한 계산

필박스 가속관에서는 가속관내 고조파 전자기장 분포를 해석적으로 계산하여 각 파라미터를 산출할 수 있지만 실제 초전도 가속관의 형상에서는 전자기장 분포가 단순하지 않으므로 계산 코드를 이용하여 얻어야 한다. 여기에서는 SUPERFISH를 이용한 계산 결과를 나타낸다. 계산 가능한 모드로서는

- 원통축 대칭 가속관
- 축대칭 전자기장 모드: TM-0 mode

으로 한정되지만 가속 모드에 대해서는 정확도가 좋은 결과를 얻을 수 있다.

1/2셀에서의 중앙 셀 형상(1.3GHz)에 대해서 가속 모드 계산 결과의 한예로서, 그림 3-16에 가속관 형상과 전기장 분포의 등고선을 나타낸다. 또한, 그림 3-17에 그 수치 계산 결과의 출력을 나타낸다.

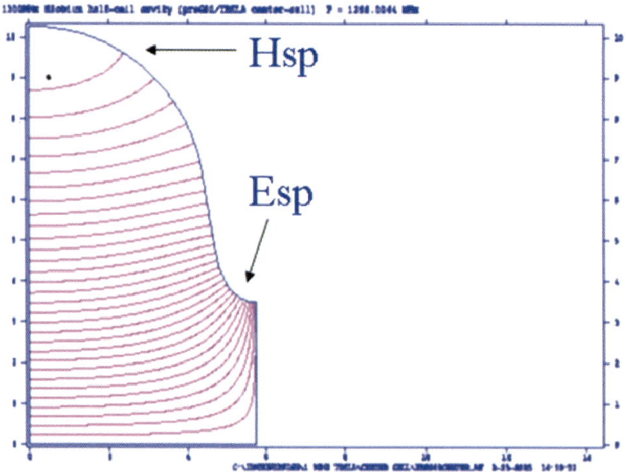

그림 3-16 가속 모드 전기장(Esp와 Hsp는 표면 피크 전기장 및 표면 피크 자기장의 위치를 나타냄)

```
Superfish output summary for problem description:
1300MHz Niobium half-cell cavity (TESLA center-cell)
Equator flat = 0.0 mm for EBW.
Iris flat = 0.0 mm for EBW.
Cell length = 57.69 mm
Design beta = 1.00.
Resonant frequency = 1300 MHz.
Bore radius = 35 mm.
Wall angle = 76.7 degree.
Problem file: C:¥IBMSUPERFISH¥1.3GHZ TESLA¥CENTER CELL¥ORIGINAL CENTER.AF  2-15-2005  15:12:04
------------------------------------------------------------------------------------------
All calculated values below refer to the mesh geometry only.
Field normalization (NORM = 1):     EZEROT =     1.00000 MV/m
Frequency                                  =  1300.99347 MHz
Particle rest mass energy                  =  938.272029 MeV
Beta =  1.0000000
Normalization factor for E0 =  1.301 MV/m =   13600.828
Transit-time factor                        =   0.7685243
Stored energy                              =   0.0071724 Joules
Superconductor surface resistance          =     26.8218 nanoOhm
Operating temperature                      =      2.0000 K
Power dissipation                          =   5797.9234 uW
Q    =    1.0112E+10      Shunt impedance  =  1.6847E+07 MOhm/m
Rs*Q =   271.226 Ohm                 Z*T*T =  9.9505E+06 MOhm/m
r/Q  =    56.769 Ohm  Wake loss parameter  =     0.11601 V/pC
Average magnetic field on the outer wall   =     3298.38 A/m  14.5901 uW/cm^2
Maximum H (at Z,R = 2.93564,9.13317)       =     3314.26 A/m  14.7309 uW/cm^2
Maximum E (at Z,R = 5.16515,3.75867)       =     1.98007 MV/m  0.061645 Kilp.
Ratio of peak fields Bmax/Emax             =      2.1034 mT/(MV/m)
Peak-to-average ratio Emax/E0              =      1.5217

Wall segments:
Segment   Zend       Rend        Emax      Power     P/A         dF/dZ      dF/dR
          (cm)       (cm)        (MV/m)    (uW)      (uW/cm^2)   (MHz/mm)   (MHz/mm)
------------------------------------------------------------------------------------------
          0.0000     10.330
   2      4.0870     7.0970      0.8438    4731.     14.59       -9.419     -14.26
   3      4.6450     4.7340      1.693     957.3     10.61        1.469     0.3469
   4      5.7692     3.5000      1.981     109.7     2.442        4.277      3.937
------------------------------------------------------------------------------------------
                                 Total     5798.
```

그림 3-17 SUPERFISH를 이용한 계산 결과 출력 예시

이 계산 결과에서 주목하는 고조파 파라미터를 정리하면,

$$f_0 = 1300.99\,MHz$$

$$W_s = 0.0071\,J,\ P_d = 5.80\,mW$$

$$E_{acc} = 1.0\ MV/m$$

$$Esp = 1.98\,MV/m,\ Hsp = 3314\,A/m$$

$$Esp/E_{acc} = 1.98$$

$$Hsp/E_{acc} = 3314\,A/m\,/\,MV/m = 41.4\,Oe/MV/m$$

$$R/Q = 56.7\Omega \times 2 = 113.4\Omega$$

$$G = 271\Omega,\ R_s = 26.8\,n\Omega$$

$$Q_0 = 1.01 \times 10^{10}$$

을 얻을 수 있으며, 주로 E_{sp}/E_{acc}나 H_{sp}/E_{acc} 등의 파라미터를 고려하면서 가속관 형상의 최적화 설계를 실시할 필요가 있다.

3.4.3 고조파 표면저항

상전도 가속관과 초전도 가속관의 표면저항을 비교한다.

• 상전도 가속관 경우

$$R_s = \sqrt{\frac{\omega\mu}{2\sigma}} = \frac{1}{\sigma\delta}\ [\Omega] \tag{3-142}$$

$f = 1.3\ GHz,\ G = 270\,\Omega$

$Cu\,(20\,℃\,);\quad \sigma = 0.58 \times 10^8\,[1\,/\,\Omega m]$

인 구리 가속관 (상온)을 고려하면

$R_s = 9.4\,m\Omega$

$\delta = 1.8\,mm$ (표피 두께)

$Q = G/\,R_s = 2.9 \times 10^4$

가 얻어진다.

• 초전도 가속관의 경우

초전도체의 고조파 표면 저항은 온도 의존성을 갖는 BCS 저항(R_{BCS})과 온도 의존성을 갖지 않는 잔류 표면 저항(R_{res})의 합으로서 다음식으로 표시된다.

$$R_s = R_{BCS(T)} + R_{res} \tag{3-143}$$

$$R_{BCS} = A\frac{\omega^2}{T}\exp\left(-\frac{\Delta}{k_B \bullet T}\right) \tag{3-144}$$

여기서, R_{BCS}는 BCS 이론에 기초하여 계산되며[3], A는 평균 자유 공정이나 London 침입 깊이 등의 재질에 의해서 결정되는 상수, ω는 각 주파수, T는 표면의 절대온도, Δ는 Gap 에너지, k_B는 볼츠만 상수이다. 유한 온도에서는 쿠퍼쌍을 이루지 않은 상전도 전자가 존재하기 때문에 0가 되지 않으며 지수 함수 부분이 상전도 전자의 밀도에 해당한다.

한편 온도 의존성을 갖지 않는 잔류 표면 저항(R_{res})은 초전도 전이시 자속 양자로 포착되는 주변의 잔류 자기장이나 표면 결함, 화학적 잔류물, 이물질 등 상전도 부분의 영향에 의한 것으로 생각된다. 실험에서 얻은 1.3 GHz, 9셀 초전도 가속관의 표면 저항 온도 의존성 측정 결과는 그림 3-18에 제시된다.

여기서, 상전도 가속관의 경우와 같은 방식으로

$$f = 1.3\ GHz,\ G = 270\,\Omega$$

$$Nb(20K);\ R_{BCS(2K)} = 7\,n\Omega,\ R_{res} = 10\,n\Omega$$

인 Nb 초전도 가속관을 고려하면,

$$R_s = 17n\Omega$$

$$\lambda_0 = 44nm \quad (\text{침투깊이})$$

$$Q = G/R_s = 1.6\times 10^{10}$$

가 되어 구리 가속관과 비교하여 초전도 가속관은 6승 높은 Q값을 가지고 있음을 알 수 있으며, 이는 고조파 손실이 6승이나 작은 것을 의미한다.

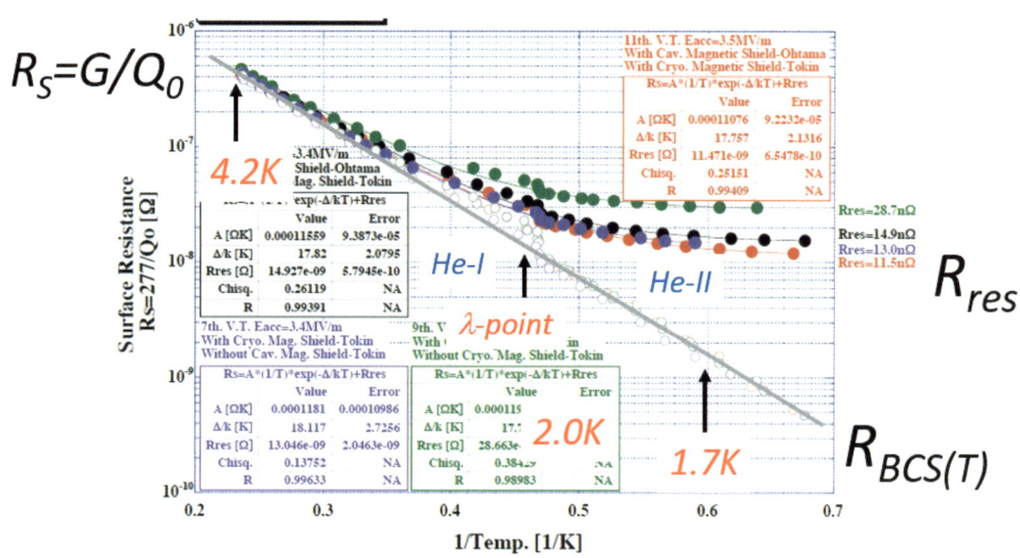

그림 3-18 표면 저항의 온도 의존성

3.4.4 잔류 자기장의 효과

잔류 자기장은 Nb 가속관이 초전도 상태로 전이될 때에, 그림 3-19에 나타내는 바와 같이 그 중심이 상전도 자속 양자로서 포획되기 때문에 잔류 표면 저항의 주된 원인 중 하나가 된다. 실험적으로는

$$R_{res}(H) = 0.35\ n\Omega/m\ Gauss \tag{3-145}$$

의 영향을 받는 것으로 알고 있으므로 10 mGauss 정도까지 낮추는 것을 목표로 한다.

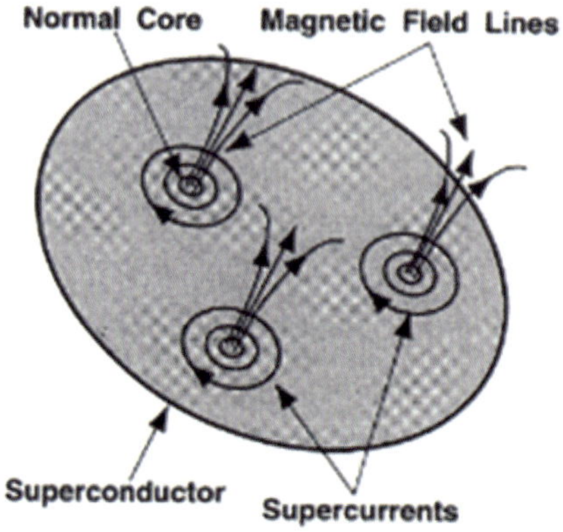

그림 3-19 초전도체에서 포획된 자속

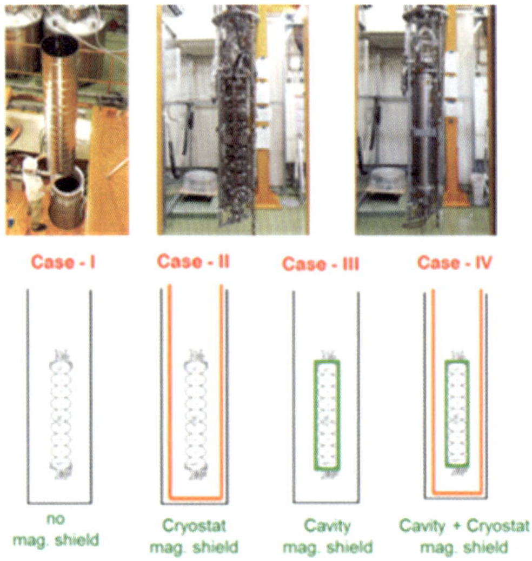

그림 3-20 잔류 자기장의 영향을 비교하기 위한 실험

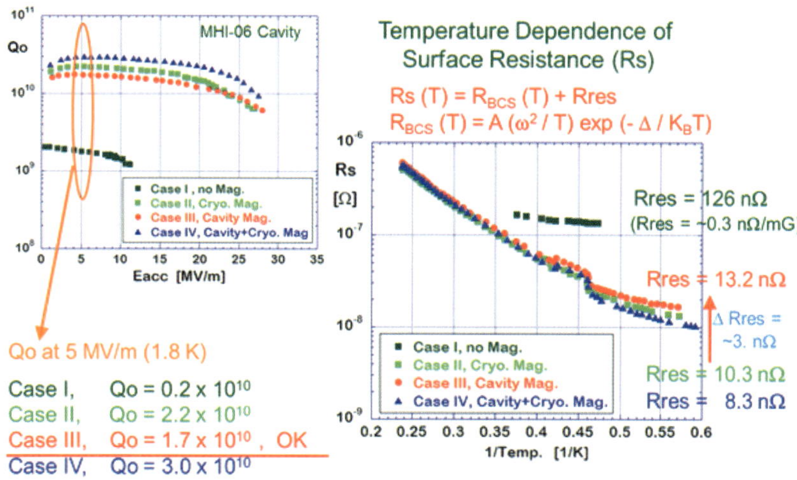

그림 3-21 4가지 실험 조건에서 $Q_o - E_{acc}$ (좌) 및 R_s의 온도 의존성(우)

STF 9셀 초전도 가속관에서 자기 차폐는 헬륨 탱크 내부의 액체 헬륨 중에 담그어지므로 저온에서도 비투자율이 저하되지 않는 재료를 사용할 필요가 있다. 또한, 초전도 가속관 냉각시 온도 구배가 큰 경우에는 이종 금속 접합부에서의 열기전력 발생에 의한 열 전류가 유기하는 자기장이 원인이 되어 가속관의 Q값을 저하시키는 현상이 관측되므로 주의를 요한다.

가속관 Q값에 미치는 잔류 자기장의 영향을 조사하는 실험이 그림 3-20에 제시되는 네가지 자기 차폐 조건에서 행해지고, 그 결과가 그림 3-21에 정리되어 있다. 자기 차폐가 없는 경우에는 지자기의 영향에 의해 잔류 저항값은 약 130 $n\Omega$가 되지만, 이중으로 자기 차폐를 장착한 경우에는 8 $n\Omega$까지 개선했다. 높은 Q값을 달성하기 위한 첫 번째 방안으로서 자기 차폐의 강화는 중요하다.

3.5 초전도 가속관의 외부 Q값

3.5.1 외부 Q값

일반적인 초전도 가속관에서 외부 Q값의 관계를 나타내는 개념도를 그림 3-22에 나타낸다.

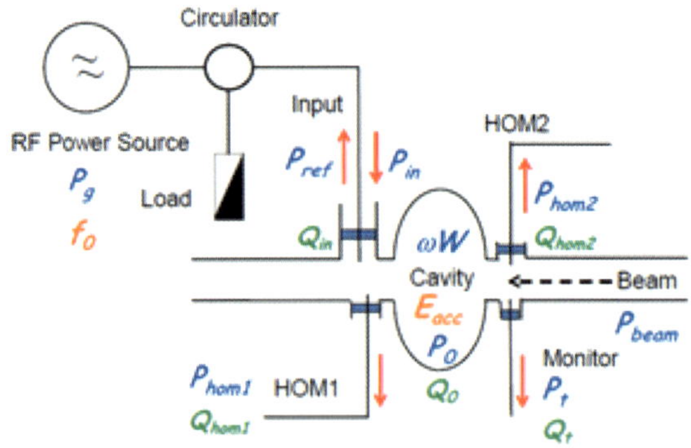

그림 3-22 빔이 있는 경우의 가속관의 외부 Q값

초전도 가속관에서 가속관 손실(P_0)은 빔 전력(P_{beam})에 비해 무시할 수 있을 정도로 작으므로 이하의 조건이 주어진다.

$$P_g \approx P_{beam} \gg P_0 \tag{3-146}$$

이는 고조파원으로부터 고조파 전력(P_g)의 대부분이 빔 전력으로 공급되는 것을 의미한다. 각 가속관 포트의 전력 총계는

$$P_{in} - P_{ref} = P_0 + P_{beam} + P_t + P_{\mathrm{hom}1} + P_{\mathrm{hom}2} \tag{3-147}$$

로 나타나며, 각 포트의 외부 Q값 관계는 다음과 같이 설계되는 것이 바람직하다.

$$Q_{in} \ll Q_0 \ll Q_t, Q_{\mathrm{hom}1}, Q_{\mathrm{hom}2} \tag{3-148}$$

3.5.2 입력 결합기의 결합도

초전도 가속관 입력 결합기의 외부 Q값(Q_{in})은 아래에 제시된 계산식을 이용하여 결정된다.

R/Q : 가속 모드의 임피던스
L_{cavity} : 가속관의 실효 길이
ωW : 축적 에너지
Z_{cavity} : 가속관의 상수 파라미터

Q_0 : 가속관 Q 값

V_C : 가속 전압

I_{beam} : 빔 전류

ϕ : 빔 위상

으로서 다음 각 식을 이용한다.

- 가속구배 (E_{acc})

$$E_{acc} = \sqrt{\frac{R/Q}{L_{cavity}}}\sqrt{\omega W} = Z_{cavity}\sqrt{P_0 \cdot Q_0} \tag{3-149}$$

- 가속관 손실 (P_0)

$$P_0 = \frac{\omega W}{Q_0} \tag{3-150}$$

- 빔 전력 (P_{beam})

$$\begin{aligned} P_{beam} &= I_{beam} \cdot V_c \cdot \cos\phi \\ &= I_{beam} \cdot E_{acc} \cdot L_{cavity} \cdot \cos\phi \end{aligned} \tag{3-151}$$

- 고조파원의 고조파 전력 (P_g)

$$P_g = P_0 + P_{beam} \tag{3-152}$$

이 경우,

$P_{ref} \sim 0$ (무반사 조건)

$P_g = P_{in}$ (무손실 전송로)

$P_0 + P_{beam} \gg P_t, P_{\text{hom}1}, P_{\text{hom}2}$

가 가정된다.

• 결합 상수 (β)

$$\beta = \frac{P_g}{P_0} = 1 + \frac{P_{beam}}{P_0} \cong \frac{Q_0}{Q_L} \tag{3-153}$$

$$\frac{1}{Q_L} = \frac{1}{Q_{in}} + \frac{1}{Q_0} + \frac{1}{Q_t} + \frac{1}{Q_{\mathrm{hom}\,1}} + \frac{1}{Q_{\mathrm{hom}\,2}} \tag{3-154}$$

$$Q_L \cong Q_{in} \tag{3-155}$$

여기서, $Q_{in} \ll Q_0 \ll Q_t, Q_{\mathrm{hom}\,1}, Q_{\mathrm{hom}\,2}$ 으로 설정되어 있다.

• 부하 Q값 (Q_L)

$$Q_L = \frac{Q_0 \cdot P_0}{P_{beam}} \cong \frac{Q_0}{\beta} \tag{3-156}$$

여기서, 실제 운전조건을 고려하면

$E_{acc} = 30\,MV/m$ $\quad I_{beam} = 10\,mA$

$L_{cavity} = 1.0\,m$ $\quad P_0 = 100\,W,\ Q_0 = 1.0 \times 10^{10}$

식 (3-151)에서 $\rightarrow P_{beam} = 300\,kW$

식 (3-156)에서 $\rightarrow Q_m \sim Q_L = 3.3 \times 10^6$

식 (3-153)에서 $\rightarrow \beta = 3{,}000$ 을 얻을 수 있다.

따라서 매칭 조건의 경우를 생각하면

• 최적 결합도($Q_L \sim Q_{in} << Q_0$)

$$Q_m \cong \frac{V_c}{(R/Q) \cdot I_{beam} \cdot \cos\phi} \tag{3-157}$$

• 필요한 고조파 전력(P_g)은 ($P_{ref} \sim 0$인 경우)

$$P_g = \frac{V_c^2}{4 \cdot (R/Q) \cdot Q_L}\left[1 + \frac{I_{beam} \cdot (R/Q) \cdot Q_L \cdot \cos\phi}{V_c}\right] \tag{3-158}$$

• 여기서 빔 전류가 없는 경우 (I_{beam}=0)는

$$E_{acc} = \frac{\sqrt{R/Q}}{L_{cavity}} \cdot \sqrt{4 \cdot P_g \cdot Q_L} \tag{3-159}$$

$$= Z_{cavity}\sqrt{P_t \cdot Q_t}$$

• 최적 조건에서는

$$\frac{1}{Q_{in}} = \frac{1}{Q_0}(1 + \frac{P_{beam}}{P_0}) = \frac{1}{Q_0} + \frac{1}{Q_{beam}} \tag{3-160}$$

을 얻을 수 있다. 최적 결합도는 빔 전류에 강하게 의존하며,

$$P_{beam} \gg P_0\,;\, Q_{in} = Q_{beam} \tag{3-161}$$

그러므로 빔 전류가 변화하는 초전도 가속기에서는 반사 전력을 최소화하기 위해 결합도를 가변할 수 있는 것이 바람직하다. 공진 주파수의 밴드 폭은

$$\triangle f = \frac{f}{2Q_{in}} \tag{3-162}$$

로 주어지며, 여기서 실제 밴드 폭을 계산하면

$$f = 1.3GHz,\ Q_{in} = 3 \times 10^7 \quad \rightarrow \quad \triangle f = 22Hz$$

$$f = 1.3GHz,\ Q_{in} = 3 \times 10^6 \quad \rightarrow \quad \triangle f = 220Hz$$

$$f = 1.3GHz,\ Q_{in} = 3 \times 10^5 \quad \rightarrow \quad \triangle f = 2.2kHz$$

되어 빔 운전 시의 안정성을 생각할 때 중요한 파라미터가 되어 주파수 제어를 용이하게 하기 위해서는

$$Q_{in} \leq 10^7 \tag{3-163}$$

로 하는 것이 바람직하다.

3.5.3 입력 결합기의 결합도 계산

입력 결합기의 결합도를 설계하기 위해 그림 3-23에 나타내는 초전도 가속관의 끝부분셀 형상을 갖는 구리로 된 단일 셀 모델 가속관을 고려하여 안테나 앞부분의 돌출 위치와 외부 Q값의 관계를 계산한다. 고조파 계산 코드 HFSS를 이용하여 수행한 계산 결과 예를 그림 3-24에 나타낸다. 결과로서 얻어지는 S_{11}, S_{21}, $\Delta f(P_{ext}$의 밴드폭)로부터 입사전력(P_{in})을 기준으로 해서, 반사 전력(P_{ref}), 투과 전력(P_{ext}), Q_L을 구하고, 식 (3-164 ~ 3-168)으로 부터 가속관 손실(P_0) 및 가속관의 Q값(Q_0)을 계산하여 식 (3-169)부터 Q값(Q_{ext})을 계산할 수 있다. 외부 Q값의 계산 결과를 그림 3-25에 나타낸다.

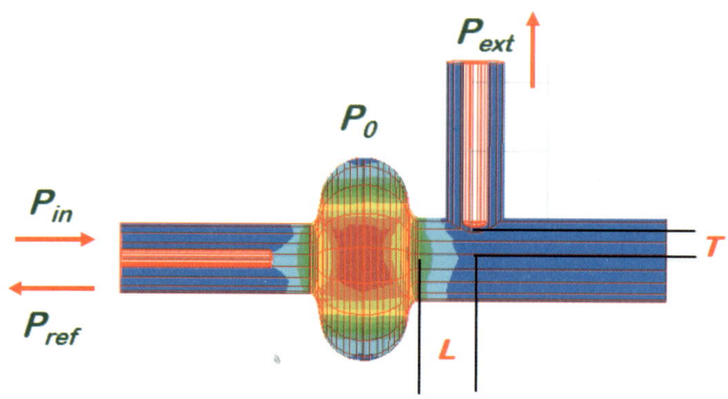

그림 3-23: 입력 커플러의 외부 Q값 계산을 위한 모델

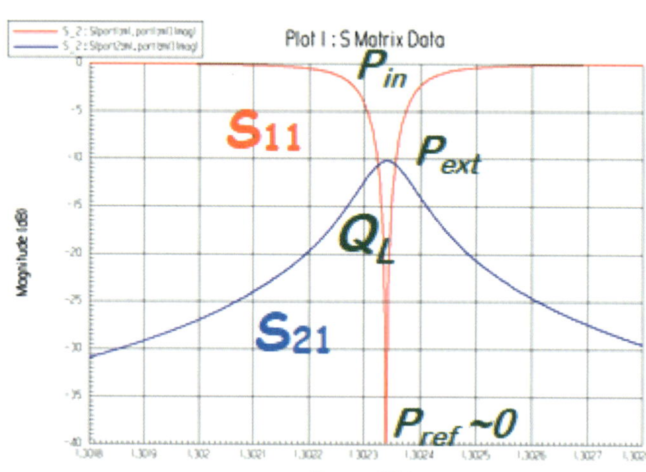

그림 3-24: HFSS에 의한 계산 결과

$$P_0 = P_{in} - P_{ref} - P_{ext} \tag{3-164}$$

$$\beta^* = \frac{1 \pm \sqrt{P_{ref}/P_{in}}}{1 \mp \sqrt{P_{ref}/P_{in}}} \tag{3-165}$$

$$\beta_{in} = \beta^* (1 + \beta_{ext}) \tag{3-166}$$

$$\beta_{ext} = P_{ext}/P_0 \tag{3-167}$$

$$Q_0 = Q_L \bullet (1 + \beta_{in} + \beta_{ext}) \tag{3-168}$$

$$\therefore \ Q_{ext} = P_0 \bullet Q_0/P_{ext} \tag{3-169}$$

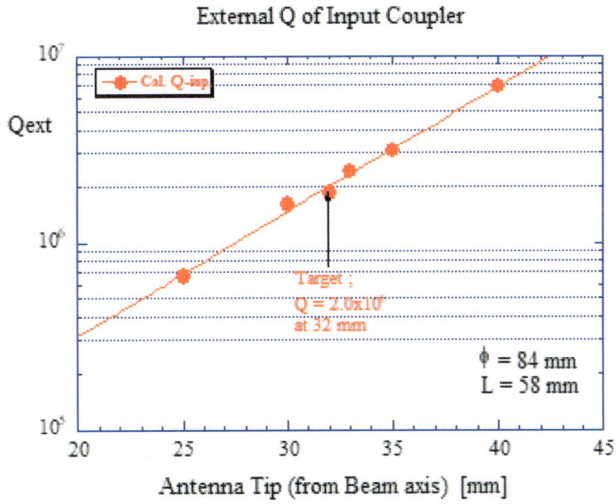

그림 3-25 안테나 팁에 따른 외부 Q값 함수

3.5.4 외부 Q값 측정

저온 모듈에 장착된 실제 초전도 가속관에서 각 포트의 외부 Q값 측정 방법에 대해 설명한다. 입력 결합기 2대, HOM 커플러 5대, 모니터 커플러 1대를 갖는 2셀 초전도 가속관의 개략도를 그림 3-26에 나타낸다. 이 가속관에 대해서 포트의 총 8개에 대해 각 외부 Q값을 측정한다.

최초에, 모니터 커플러에서 고조파를 입력하고 Q_L과 기타 모든 포트로부터 고조파 출력을 측정한다. 다음으로 고조파 입력을 입력 결합기1로 변경하여 동일한 측정을 실시한다. 이를 측정한 Q_L과 각 고조파 출력을 이용하고 다음 식을 이용하여 계산함으로써 모든 포트의 외부 Q값을 얻을 수 있다.

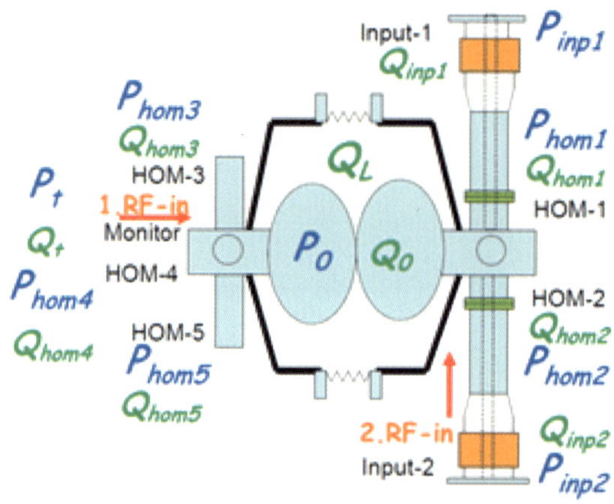

그림 3-26 2개의 입력 커플러와 5개의 HOM 커플러가 있는 2셀 가속관

1. 모니터 커플러에서 RF를 입력하는 경우:

Q_L과 $P_{inp1}, P_{inp2}, P_{\mathrm{hom}1}, P_{\mathrm{hom}2}, P_{\mathrm{hom}3}, P_{\mathrm{hom}4}, P_{\mathrm{hom}5}$로부터 RF 출력을 측정한다.

$$Q_{inp1} \times P_{inp1} = Q_{inp2} \times P_{inp2} \tag{3-170}$$

$$Q_{inp1} \approx Q_L \cdot \left(\frac{P_{inp2}}{P_{inp1}} + 1\right) \tag{3-171}$$

$$Q_{inp2} \approx Q_L \cdot \left(\frac{P_{inp1}}{P_{inp2}} + 1\right) \tag{3-172}$$

2. 입력 결합기1에서 RF를 입력하는 경우:

Q_L과 P_{inp1}, P_t, $P_{\mathrm{hom}1}$, $P_{\mathrm{hom}2}$, $P_{\mathrm{hom}3}$, $P_{\mathrm{hom}4}$, $P_{\mathrm{hom}5}$ 로부터 고조파 출력을 측정한다.

$$Q_{inp1} \times P_{inp1} = Q_t \times P_t \tag{3-173}$$

$$Q_t = \frac{Q_{inp1} \cdot P_{inp1}}{P_t} \tag{3-174}$$

$$Q_{\text{hom}-1} = \frac{Q_t \cdot P_t}{P_{\text{hom}-1}} \tag{3-175}$$

$$\frac{1}{Q_L} = \frac{1}{Q_{inp1}} + \frac{1}{Q_{inp2}} + \frac{1}{Q_0} + \frac{1}{Q_t} + \frac{1}{Q_{\text{hom}1}} + \frac{1}{Q_{\text{hom}2}} + \frac{1}{Q_{\text{hom}3}} + \frac{1}{Q_{\text{hom}4}} + \frac{1}{Q_{\text{hom}5}} \tag{3-176}$$

Q_{inp1}, $Q_{inp2} \ll Q_0$, Q_t, $Q_{\text{hom}1}$, $Q_{\text{hom}2}$, $Q_{\text{hom}3}$, $Q_{\text{hom}4}$, $Q_{\text{hom}5}$ 여기서, 전체 부하 Q값으로서 근사적으로

$$\frac{1}{Q_L} \approx \frac{1}{Q_{inp1}} + \frac{1}{Q_{inp2}} \tag{3-177}$$

의 관계를 가진다.

3.6 요 약

지금까지 해 온 설명 중에서, 특히 중요한 항목을 아래에 정리한다.

- 초전도 가속관의 크기는 공진 주파수로 결정되는 크기가 된다.
- 초전도 가속관의 표면 저항은 구리 가속관에 비해 6승 작다.
- 초전도 가속관의 표면 저항은 주파수의 대략 제곱에 비례하여 증가한다.
- 초전도 가속관의 잔류 저항 저감에는 유효한 자기 차폐가 본질적으로 중요하다.
- 초전도 가속관 입력 결합기의 결합도는 빔 부하와의 매칭 조건에 의해 결정된다.
- 초전도 가속관으로 입력되는 고조파 전력은 매칭 조건에서는 대부분 빔 전력으로서 소비된다.

3.7 참고 문헌

[1] S. Ramo, J. R. Whinnwry and T. van Duzer, "Field and waves in communication electronics", JOHN WILEY & SONS, INC., ISBN 0-471-87130-3

[2] 中島将光、「マイクロ波工学」森北出版株式会社

[3] H. Padamsee, J. Knobloch and T. Hays, "RF superconductivity for accelerators", JOHN WILEY & SONS, INC., ISBN 0-471-15432-6

4. 초전도 가속기의 고조파 설계

4.1 개 요

초전도 가속관의 개발에는 초전도, 극저온, 고조파, 초고진공, 표면 물성 등 광범위한 지식과 종합적인 기술이 필요하며, 이러한 시스템들 간의 최적화된 설계를 하는 것이 중요하다. 또한, 초전도 가속관이 가속 장치로서의 성능을 충분히 발휘하기 위해서는 여러 가지 주변 장치를 겸비할 필요가 있으며, 이를 포함한 시스템 전체적인 성능도 가속관 성능과 잘 들어 맞아야 한다. 아울러 가속기로서 안정적인 운전을 최대한 확보하여 불확실한 요소나 불필요한 기술을 최대한 배제하고 신뢰성 높은 유지·관리가 쉬운 초전도 가속관 시스템 개발이 중요하다. 이러한 관점을 중시하여 개발이 진행되고 있는 STF의 초전도 가속관 시스템에 대해서 여기서는 주로 고조파 설계와 관련된 아래 항목들을 중심으로 설명한다. 또한 초전도 가속관의 성능평가, 표면처리, 자기차폐, 저온 모듈에 대한 설명이 주어진다. 나머지의 주요 분야로써는 초전도 이론, 초전도 재료의 특성, 초전도 가속관의 제작 기술, 저온 모듈 조립, 저온 모듈시험, 빔 운전 등이 있으며 본 교과서에서는 쉽게 접할 수 있는 정도로 설명을 한다.

4.2 초전도 가속관 시스템의 전체 구성

4.2.1 저온 모듈

초전도 고조파 시험시설(STF: Superconducting RF Test Facility) 건설이 현재 KEK에서 진행되고 있다. 이 계획에서는 TESLA형 가속관을 개선한 STF 설계를 기준으로 한 초전도 가속관 4대를 장착하는 6 m의 저온 모듈과 저 손실형 고전기장 초전도 가속관 4대를 장착하는 6 m의 저온 모듈 개발이 이루어지고 있다. 이 두 대의 저온 모듈은 지상에서 각각 조립이 이루어지고 지하 터널에 설치 후 그림 4-1에 보인 바와 같이 접합 및 장치를 통합한 후 상류부 밸브 상자와 연결된다.

1) 저온 유지 장치

저온 유지 장치의 단면도를 그림 4-2에 나타낸다. 외측의 진공 탱크라 불리는 진공 용기 내측에 액체 질소로 냉각되는 80 K 열 차폐와 액체 헬륨으로 냉각되는 5 K 열차폐가 부착되며 진공부 단열 성능을 향상하기 위해 다층의 단열재가 감긴다.

그 내부에는 큰 구경(φ318)의 2 K 헬륨 회수가스 배관에 매달린 티타늄제 자켓 부착 초전도 가속관이 설치되어 2 K 액체 헬륨 공급 라인에 접속된다. 고조파 입력 결합기는

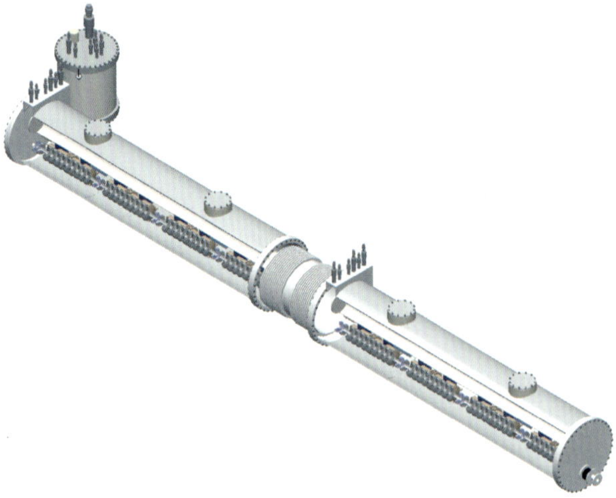

그림 4-1 STF 첫 번째 저온 모듈의 전체도

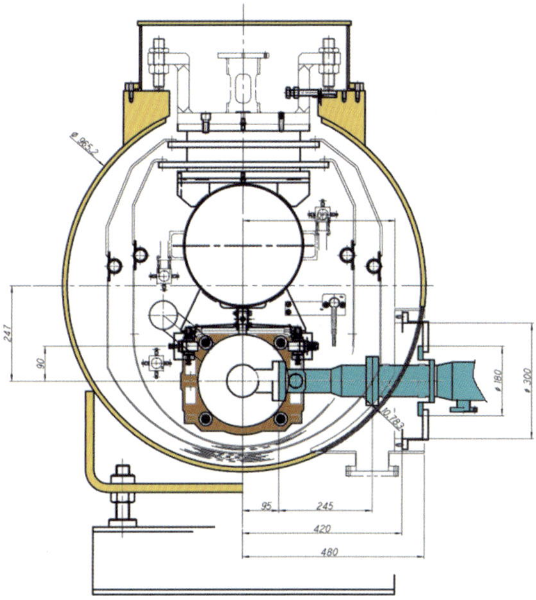

그림 4-2 STF 초전도 가속관용 저온 유지 장치의 단면

진공 탱크 외부의 상온부 부터 내부 저온부의 2 K 초전도 가속관까지 직접 연결되므로 단열·냉각에 주의를 요하며 열 침입를 가능한 한 저감화하여야 한다. 냉각시 열 수축으로 인한 정렬의 편차 변화량을 측정하기 위한 와이어 위치 모니터가 단열 진공 탱크의 네곳에 설치된다.

2) 냉각 시스템

STF 저온 모듈 냉각 시스템을 그림 4-3에 나타낸다. 지상에서 전송관에 의해 지하 터널로 배송된 4.5 K 액체헬륨은 밸브 박스 내의 저장 탱크 및 열교환기를 통해 J-T 밸브로부터 2 K의 기체/액체 2상 라인으로 공급되어 초전도 가속관을 냉각한다. 최하류부에서 가스 회수라인에 접속한 2 K 헬륨 가스는 열교환기를 지나 지상의 감압 펌프에 의해 배기된다. 5 K 열 차폐 라인에서 밸브에 의해 분기되는 냉각 라인이 각 가속관으로 접속되고 상온에서 가속관 헬륨 탱크로 4.5K 액체 헬륨이 저장때까지 냉각시 이용되며, 이후 밸브는 닫힌다. 또 승온시에는 따뜻한 헬륨가스가 이 라인에서 도입된다.

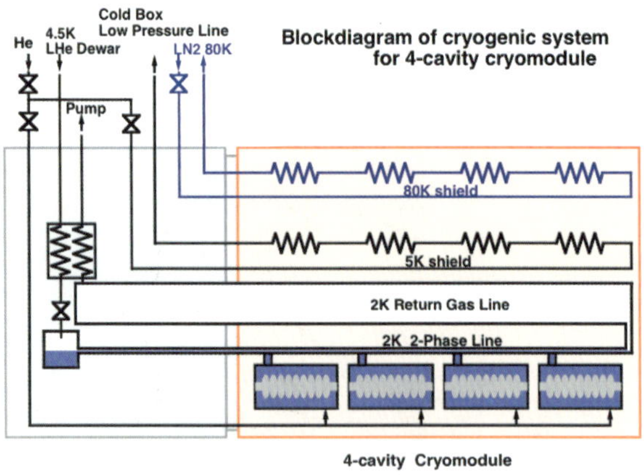

그림 4-3 STF 저온 모듈의 냉각 시스템

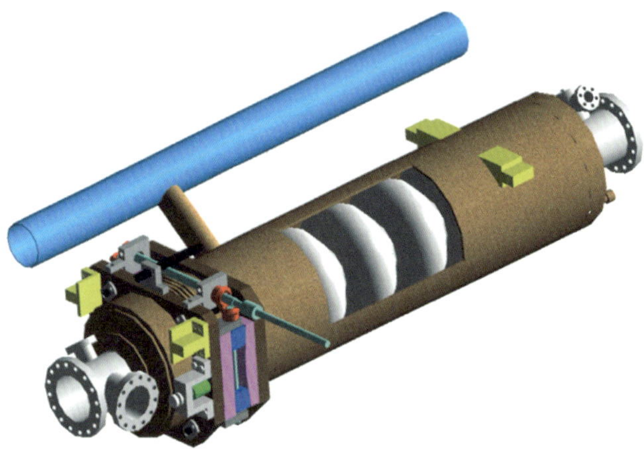

그림 4-4 STF 초전도 가속관 시스템

4.2.2 STF 초전도 가속관 시스템

STF 초전도 가속관 시스템의 개념도를 그림 4-4에 나타낸다. Nb 재료로 제작한 9셀 가속관은 자기 차폐로 덮여 있고, 그 외측은 티타늄제의 헬륨 탱크 자켓으로 둘러싸여 스테인리스제의 2 K 액체 헬륨 공급 라인에 접속한다. 가속관의 빔파이프에는 고조파 추출용 포트가 양단에 각 1개소, 고조파 전력을 공급하는 입력 결합기용 포트, 가속 전기장을 측정하기 위한 모니터 커플러용 포트가 있고, 크고 작은 6개소의 포트에는 NbTi 합금제의 플랜지가 용접되어 있다. 헬륨 탱크 자켓에는 가속관의 공진 주파수를 조정하기 위한 주파수 튜너가 부착되어 있다. 이 초전도 가속관 시스템에 있어서 Nb 가속관 본체, 고조파 입력 결합기, 고조파 출력 결합기, 주파수 튜너가 주요한 구성 요소이지만 그 외에도 모니터 커플러, 헬륨 탱크 자켓, 자기 차폐, 진공 봉인과 플랜지 등 중요한 구성부품이 있다. 또, 초전도 가속관의 개발 전반에 있어서, 청정 환경이 필요 불가결하다는 것은 당연한 일이다. 여기에서는 이들 각 구성요소에 대한 개요를 설명한다.

1) 가속관

판 두께 2.8 mm의 Nb 원판 (RRR~300)을 금형을 이용한 압축 성형에 의한 deep drawing 가공으로 1/2셀이 제작되고, 전자빔 용접에 의해 아이리스부와 적도부가 순차 접합된다. 빔 파이프 부분은 통상 바링이라 불리는 인발 가공에 의해 제작되는데, 여기서는 강도를 높이기 위해 두께를 5 mm로 하므로 Nb 블록에서 와이어컷으로 잘라내고 절삭 가공에 의해 제작된다. 완성된 가속관은 고조파 측정이나 치수 측정이 이루어져 사전 튜닝이라고 불리는 각 셀의 가속 전기장을 균등하게 하고, 또한 공진 주파수를 목표치에 맞추는 조정이 이루어진다.

가속관 내면의 표면 처리로서 원심 배럴연마(CBP) 등의 기계적 연마, 전해 연마(EP) 등의 화학적 연마, 가속관내를 청정화하기 위한 온수 초음파 세정이나 고압수 세척(HPR) 등의 초순수를 이용한 세정이 이루어진다. 또한 Nb내 수소 가스의 탈가스와 성형 가공에 의한 응력 제거를 목적으로 하는 750°C에서의 진공 열처리도 중요한 공정이다. 이들 일련의 표면처리 공정 후에 세로 측정이라 불리는 가속관의 2 K에서의 성능시험이 실시된다. 목표 가속관 성능이 확인되면 Nb 가속관의 외측에 티타늄제의 헬륨 탱크 자켓이 전자빔 용접 혹은 TIG 용접으로 장착되어 저온 모듈로의 장착이 가능한 상태가 된다.

2) 주파수 튜너

주파수 튜너는 초전도 가속관에 탄성 변형 범위 내의 당김 하중을 축 방향으로 가함으로써 가속관에 변형을 주어 공진 주파수를 제어하는 것이다. 헬륨 탱크 자켓 외부 벨로우즈 양단 플랜지 사이에 하중이 가해지는 구조로 되어 있다. 개략적인 조정용 스테핑 모터는 고장시 교환을 용이하게 행할 수 있도록 진공 탱크 외측에 부착되어 구동축을 통해 작동한다. 또한 미세 조정용 피에조 스택(다층)은 펄스마다 반복적으로 구동되어 수명이 가장 염려되는 부품이어서 진공 탱크의 입력 결합기용 포트에 의해 접근하여 교체할 수 있는 구조로 배치되어 있다.

3) 고조파 입력 결합기(입력 커플러)

고조파 입력 결합기는 초전도 가속관에 고조파 전력을 공급하는 동축형 안테나로서, 가속관내에 높은 전기장을 발생시킨다. 듀티가 낮은 펄스 운전이므로 고조파 손실로 인한 발열에 대한 냉각을 고려할 필요는 없지만 외부로부터의 열 침입을 줄이기 위해 80 K와 5 K의 열 앵커가 외도체에 장착된다. 초전도 가속관 설치시 먼지 유입 등의 오염을 피하기 위해, 청정실내 조립이 가능하도록 가속관 인근 저온부에 고조파 창이 놓여 있고, 대류에 의한 열 침입을 막기 위해 또 하나의 고조파 창이 상온부에 놓여 있다.

고조파 창은 초전도 가속관 시스템의 안전면에서도 특히 중요하며 열전도율, 열응력, 유전율 및 순도 등을 고려한 세라믹스 선택이나 세라믹스와 금속을 접합하기 위한 금속화 등에 주의를 요한다. 대전력 고조파 시스템에 설치된 테스트 스탠드에서 입력 결합기 단독에서의 성능 확인, 시험 후 가속관에 장착되어 저온 모듈에 내장된다. 저온 모듈에서의 높은 전기장 발생 대전력 시험을 행하기 전에는 고조파 창을 100℃ 정도로 베이킹하는 것과, 필요로 되는 고조파 전력까지의 상온에서의 고조파 길들이기를 진행하는 것이 바람직하다.

4) 고조파 출력 결합기(HOM 커플러)

고조파 출력 결합기는 가속관내를 통과하는 빔에 의해 유기되는 유해한 고조파 모드를 가소관 외부로 빼내기 위하여 전기장과 자기장 모두에서 결합할 수 있는 형상의 Nb로 제작한 동축형 안테나로서, 가속관의 빔 파이프에 전자빔 용접으로 직접 접합된다. 고조파 모드뿐만 아니라 가속 모드와도 결합을 갖기 때문에 가속 모드가 외부로 나오지 않도록 노치 필터를 가진 광대역 특성을 갖는 구조로 해야 한다. 안테나와 바깥 원통부의 틈에서 일어나는 멀티팩팅 현상에 의한 발열로 상전도 상태로의 전이가 종종 관측되므로 가속관의 내표면과 마찬가지로 고조파 출력 결합기의 내표면 청정화에도 주의를 기울일 필요가 있다.

5) 모니터 커플러

가속관 내에 여기되는 가속 전기장을 계측하기 위한 Nb 재료로 만든 안테나로서, 그 결합도를 가속관의 무부하 $Q(Q_o)$값의 10배 정도로 외부 Q값(Q_{ext})을 설정하는 것이 측정 정밀도상 바람직하다. 여기에서는 2 K에서 $Q_o = 2 \sim 3 \times 10^{10}$이므로 $Q_{ext} = 3 \times 10^{11}$을 목표로 하고 있다. 미리 상온에서 측정을 실시하고 안테나 길이를 조정해 둘 필요가 있다. 가속 전기장의 측정 정밀도로서 통상 ±5 % 정도의 오차가 있음을 인식해 두는 것은 중요하며 모니터 커플러의 Q_{ext} 교정시 각 케이블의 고조파 손실 및 부하 Q 값(Q_L)측정 오차 등이 주된 원인으로 여겨진다.

6) 헬륨 탱크 자켓

Ti과 Nb는 열 팽창 계수가 거의 동일하여 (스테인레스는 약 2배 크다) 냉각시의 열 수축의 차이로 인해 발생하는 응력에 의한 가속관의 변형을 억제할 수 있다. 또한 Ti과 Nb는 전자빔 용접에 의해 확실하게 접합이 가능하고 열 사이클에도 강하며 2 K의 초유동(superfluid) 헬륨 누설에 대해 신뢰성이 높아 자켓 재료로 선택되고 있다. 헬륨 탱크 자켓은 주파수 튜너와 함께 로렌츠 힘에 의한 가속관 변형에 대해 가속관 총 길이를 제한하고 주파수 변화를 억제하기 위해 충분한 강도를 갖는 것이 중요하다.

7) 자기 차폐

잔류 자기장은 Nb 가속관이 초전도 상태로 전이될 때 그 심지(core)가 상전도 자속 양자로서 포획되기 때문에 초전도 가속관의 표면 저항중 온도 의존성을 갖지 않는 잔류 저항의 원인 중 하나가 된다. 실험적으로 약 0.35 nΩ/mGauss의 영향을 받는 것으로 알려져 있으므로 10 mGauss 정도까지 낮추는 것을 목표로 한다. 여기에서는 헬륨 탱크 자켓 내부에 장착되어 액체 헬륨 중에 잠기므로 저온에서도 비투자율이 저하되지 않는 특수한 파멀로이(니켈과 철의 합금)가 사용된다.

8) 진공 봉인, 플랜지

진공 봉인은 가장 신뢰성이 중요시되는 구성품으로 그 선택에 주의를 요한다.

인듐제 와이어는 부드럽고 임의의 형태로 사용하는 것이 가능하여 확실한 봉인 재료로서 적절하지만 봉인부의 정확한 설치를 위한 지그의 고안이 필요하며, 또한 플랜지 제거시 인듐 제거 작업의 부담이 크다는 점과 먼지 발생에 의한 가속관내 오염의 위험성이 불가피하다는 점 등에서 본 개발에서는 일체 사용하지 않는 것을 원칙으로 하였다. 여기에서는 해외에서의 사용 경험과 J-PARC용 ADS 저온 모듈의 2 K 라인 접합부의 사용 경험으로부터 10 mm의 인듐 도금을 한 구리로 제작된 헬리코플렉스를 사용한다. 플랜지 재료로서는 충분한 경도·강도를 갖는 NbTi 합금이 이용되며, Nb 재료의 각 포트부와 전자빔 용접에 의해 확실하게 접합된다. 스텐리스제의 접합 플랜지측에 봉인홈을 잘라 헬리코플렉스를 수용하여 설치할 수 있으므로 가속관측 플랜지 평면의 방향성에 관계없이 확실한 접합을 행할 수 있고, 또한 탈부착이 매우 용이하게 할 수 있는 이점이 있다. NbTi 합금의 내산성에는 주의를 요하며 표면 처리시 화학 연마액(질산, 불산, 인산 혼합액)이나 전해액(황산, 불산 혼합액)에 장시간 노출되면 표면에 다수의 구멍이 발생하므로 연마액과의 직접 접촉을 피하기 위한 마스크가 사용된다.

세로 측정시 2 K에서 초유동 헬륨 상태의 진공 누설을 피하기 위해서는 봉인면의 표면 조도 체크, 조임 볼트의 토크 관리 및 상온에서 4 K까지의 냉각 속도 등이 특히 중요하며, 세로 측정이 단순히 가속 전기장 확인시험으로 이루어지는 것이 아니라 저온 모듈 조립후 운전시를 상정한 1대의 가속관당 6개소의 포트부 진공 봉인 종합 시험도 겸하고 있음을 잊지 말아야 한다. 저온 모듈에서는 냉각과 승온을 반복하는 운전이 이루어지므로 진공 봉인의 열 사이클에 의한 내구성에 대한 것도 중요한 과제 중 하나이다.

9) 청정 환경

세척에 이용되는 초순수(18MΩ-cm)와 조립을 실시하는 청정실(클라스 10~100 정도)은 초전도 가속관의 개발에 있어서 매우 중요한 설비이다. 따라서 초순수 시스템 및 청정실 운용에는 세심한 주의를 기울여 명확한 유지·관리 체제를 확립해 둘 필요가 있다. 가속관 조립에 사용하는 플랜지, 커넥터, 안테나, 밸브류 등 모든 진공부품은 청정실 내에서 초음파 세정기에 의한 고순도 알코올 세척 후 초순수로 철저히 세척되어 자연 건조시킨 후 가속관에 부착된다.

플랜지 고정용 볼트에는 은도금한 스테인리스 볼트를 사용하고 작업 효율을 높이기 위해 너트가 아닌 탭 나사를 끊은 스테인리스제 1/2링을 이용한다. 또한 가속관 주위에 먼지를 반입하지 않도록 하기 위해 이 부품들은 모두 세척 후 사용한다. 가속관 조립 작업은 가속관 내 먼지의 침입 위험을 최소화하기 위해 최소 인원으로 단시간에 하는 것이 중요하며, 총 사용할 부품이나 공구류를 미리 준비·확보 하고 나서 테스트를 시작하는 것이 기본이다.

4.3 초전도 가속관의 형상

4.3.1 기본 고조파 파라미터

초전도 가속관의 형상을 결정하는데 필요한 가속관 고조파 파라미터의 기본적인 일반식을 아래에 정리해 둔다.

- 상전도 가속관의 고조파 표면 저항; $R_s[\Omega]$

$$R_s = \sqrt{\frac{\omega\mu}{2\sigma}} \tag{4-1}$$

- 초전도 가속관의 표면저항 ; $R_s[\Omega]$
- BCS 저항 ; $R_{BCS}(T)[\Omega]$
- 잔류 저항 ; $R_{residual}$

$$R_s = R_{BCS(T)} + R_{residual} \tag{4-2}$$

$$R_{BCS} = A\frac{\omega^2}{T}\exp\left(-\frac{\Delta}{k_B \cdot T}\right) \tag{4-3}$$

k_B는 볼쯔만 상수 2Δ는 초전도 전자띠의 에너지 간격

- 가속관내 표면에 있어서 고조파 손실 ; $P_o[W]$

$$P_o = \frac{R_s}{2}\int|\vec{H}|^2 ds \tag{4-4}$$

- 가속관 내부의 축적 에너지 ; $W[J]$

$$W = \frac{\mu}{2}\int|\vec{H}|^2 dV = \frac{\epsilon}{2}\int|\vec{E}|^2 dV \tag{4-5}$$

- 가속관의 무부하의 Q값 ; Q_o

$$Q_o = \frac{\omega W}{P_o} \tag{4-6}$$

- 가속관의 형상 인자 ; $G[\Omega]$

$$Q_o = \frac{G}{R_s} \tag{4-7}$$

$$G = \omega\mu \frac{\int |\vec{H}|^2 dV}{\int |\vec{H}|^2 dS} \tag{4-8}$$

- 가속 전기장 ; $E_{acc}[V/m]$

- 실효 가속관 길이 ; $L_{cavity}[m]$

$$E_{acc} = \frac{1}{L_{cavity}} \int_0^L E_z(z, r=0) \cos wt(z) dz \tag{4-9}$$

- 가속 모드의 임피던스 ; $\frac{R}{Q}[\Omega]$

$$\frac{R}{Q} = \frac{E_{acc}^2}{\omega W} L_{cavity}^2 \tag{4-10}$$

4.3.2 1/2 셀 형상에서 계산

초전도 가속관의 1/2 셀의 기본 형태는 그림 4-5에 나타낸다. 적도부 원호와 아이리스부 타원을 어떤 경사각(θ)을 가진 접선으로 연결하는 것이 일반적 형태이다. 정해진 아이리스 직경(R_b)에 대해서 공진 주파수를 목표로 하는 주파수로 하기 위해서는 적도부 원호의 반경(r)을 변화시켜 셀 반경(R_a)을 조정한다.

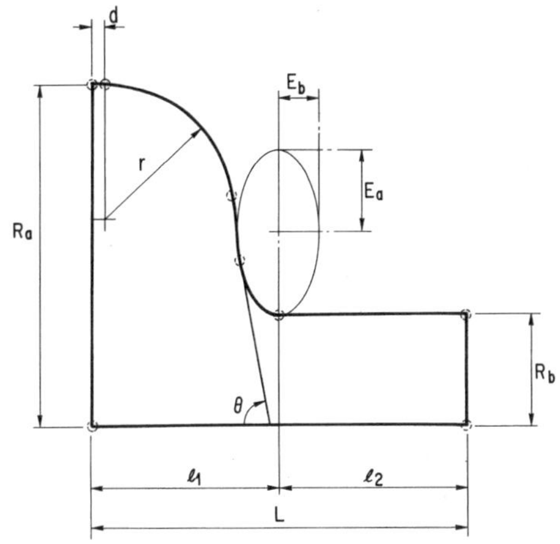

그림 4-5 1/2셀의 기본 형태

축대칭 전자기 모드의 해석 코드 SUPERFISH를 사용한 1/2셀에서 가속 모드 계산 결과의 예를 그림 4-6에 나타내고, 그림 중에는 최대 표면 전기장(E_{sp}) 및 최대 표면 자기장(H_{sp})의 위치를 나타내고 있다. 이 계산 결과에서 주목하는 고조파 파라미터를 정리하면

$$f_0 = 1300.99\,MHz$$

$$W_s = 0.0071\,J,\ \ P_o = 5.80\,mW$$

$$E_{acc} = 1.0\ MV/m$$

$$E_{sp} = 1.98\,MV/m,\ \ Hsp = 3314\,A/m$$

$$E_{sp}/E_{acc} = 1.98$$

$$H_{sp}/E_{acc} = 3314\,A/m\,/\,MV/m = 41.4\,Oe/MV/m$$

$$R/Q = 56.7\Omega \times 2 = 113.4\Omega$$

$$G = 271\Omega,\ R_s = 26.8\,n\Omega$$

$$Q_0 = 1.01 \times 10^{10}$$

등이 있어 표면 전자기장을 작게 하고, R/Q나 G가 커지는 적절한 고조파 파라미터를 갖는 형태를 찾아내는 것이 필요하다. 그림 4-7에는 1.3 GHz 빔 파이프가 부착된 단일셀 가속관에 대해 수행한 셀 경사각도(θ) 및 빔 파이프 반경(R_b)의 각 고조파 파라미터에

대한 의존성 계산 결과를 나타낸다. 빔 파이프 직경(아이리스 직경)을 작게 하면 가속 전기장에 대한 기여가 커지고, 그 결과로서 E_{sp}/E_{acc}와 H_{sp}/E_{acc}가 작아져 R/Q가 커지는 것이 명확하다. 또한 셀 경사각 의존성에 대해서는 각도가 커질수록

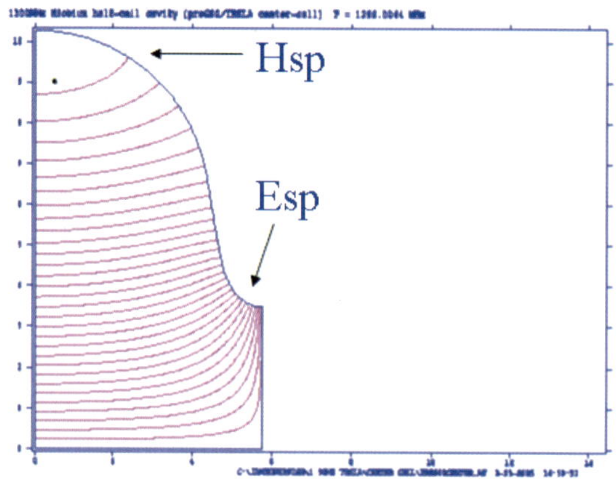

그림 4-6 1/2셀에 대한 SUPERFISH 계산 결과(TM010-π모드)

E_{sp}/E_{acc}가 높아지지만 한편 H_{sp}/E_{acc}가 낮아지고 R/Q도 커지는 경향을 보인다. 최종적으로는 가속관의 형태나 표면 처리의 용이성 등, 특히 전해 연마의 음극형태나 고압수 세척의 세정 배수의 흐름상태 등도 고려한 형태로 하는 것이 중요하다.

```
Superfish output summary for problem description:
1300MHz Niobium half-cell cavity (TESLA center-cell)
Equator flat = 0.0 mm for EBW.
Iris flat = 0.0 mm for EBW.
Cell length = 57.69 mm
Design beta = 1.00.
Resonant frequency = 1300 MHz.
Bore radius = 35 mm.
Wall angle = 76.7 degree.
Problem file: C:¥IBMSUPERFISH¥1.3GHZ TESLA¥CENTER CELL¥ORIGINAL CENTER.AF  2-15-2005  15:12:04
------------------------------------------------------------------------------------------
All calculated values below refer to the mesh geometry only.
Field normalization (NORM = 1):    EZEROT =      1.00000 MV/m
Frequency                                 =   1300.99347 MHz
Particle rest mass energy                 =   938.272029 MeV
Beta =  1.0000000
Normalization factor for E0 =  1.301 MV/m =    13600.828
Transit-time factor                       =    0.7685243
Stored energy                             =    0.0071724 Joules
Superconductor surface resistance         =      26.8218 nanoOhm
Operating temperature                     =       2.0000 K
Power dissipation                         =    5797.9234 uW
Q    =    1.0112E+10      Shunt impedance =   1.6847E+07 MOhm/m
Rs*Q =    271.226 Ohm               Z*T*T =   9.9505E+06 MOhm/m
r/Q  =     56.769 Ohm  Wake loss parameter =      0.11601 V/pC
Average magnetic field on the outer wall  =      3298.38 A/m  14.5901 uW/cm^2
Maximum H (at Z,R = 2.93564,9.13317)      =      3314.26 A/m  14.7309 uW/cm^2
Maximum E (at Z,R = 5.16515,3.75867)      =      1.98007 MV/m  0.061645 Kilp.
Ratio of peak fields Bmax/Emax            =       2.1034 mT/(MV/m)
Peak-to-average ratio Emax/E0             =       1.5217

Wall segments:
Segment   Zend       Rend         Emax       Power      P/A          dF/dZ      dF/dR
          (cm)       (cm)         (MV/m)     (uW)       (uW/cm^2)    (MHz/mm)   (MHz/mm)
------------------------------------------------------------------------------------------
          0.0000     10.330
   2      4.0870     7.0970       0.8438     4731.      14.59        -9.419     -14.26
   3      4.6450     4.7340       1.693      957.3      10.61         1.469      0.3469
   4      5.7692     3.5000       1.981      109.7      2.442         4.277      3.937
------------------------------------------------------------------------------------------
                                  Total      5798
```

4.3.3 다중 셀 형상의 경우 계산

여러개의 가속관이 있는 경우의 계산을 실시하는 경우에는 그림 4-8에 나타낸 바와 같이 끝부분 셀의 형태를 최적화하여 각 셀의 전기장 분포를 균일하게 할 필요가 있다. 통상 빔 파이프의 반경은 입력 결합기와 충분한 결합을 얻기 위해 아이리스 반경보다 넓힐 수 있다. 끝부분 셀 적도부 반경은 중앙부의 셀과 동일하게 하고 적도부에 플랫을 넣거나 셀경사 각도, 아이리스 타원 형태를 변화시켜 조정한다. 여기서 주의할 것은 빔이 빔 파이프를 통과할 때에는 가속이 아닌 감속 위상에 있다는 것이다.

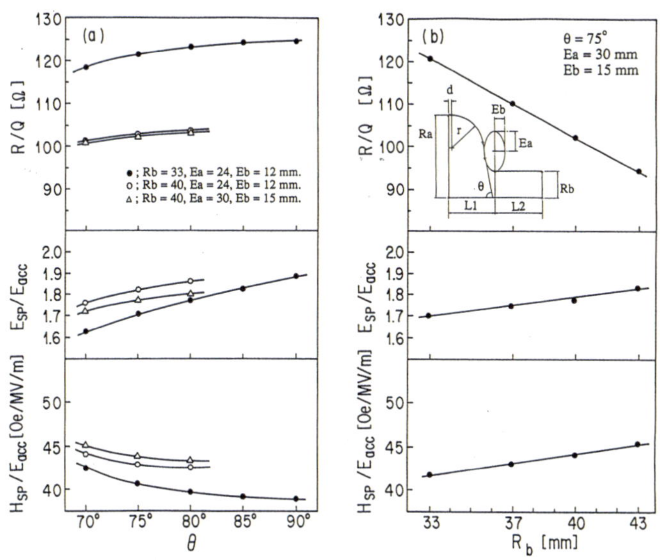

그림 4-7 고조파 파라미터의 셀 경사각도 의존성 및 빔 파이프 반경 의존

9셀 초전도 가속관의 가속 모드의 MAFIA에서 계산 결과의 예를 그림 4-9에 나타낸다. 양단의 끝부분 셀을 다른 형상으로 하여, 어느 특정 고조파 모드의 전자기장을 비대칭으로하여 한쪽만이 강해지도록 하는 것도 가능하다. 또한 가속 모드에 대해 SUPERFISH와의 계산 결과를 비교 및 확인하는 것도 필요하다.

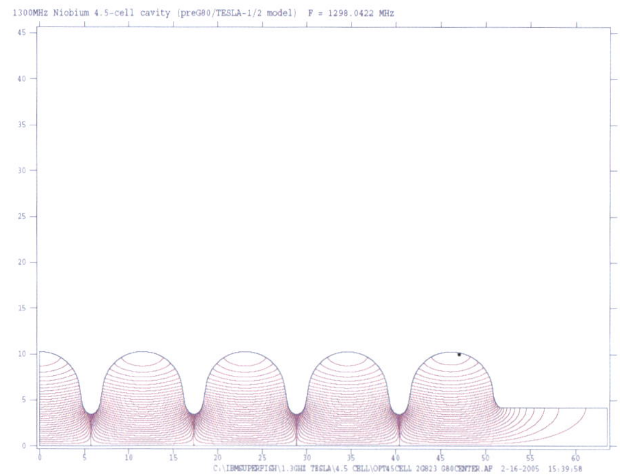

그림 4-8 빔 파이프가 달린 4.5 셀 가속관의 가속모드의 SUPERFISH 계산 결과

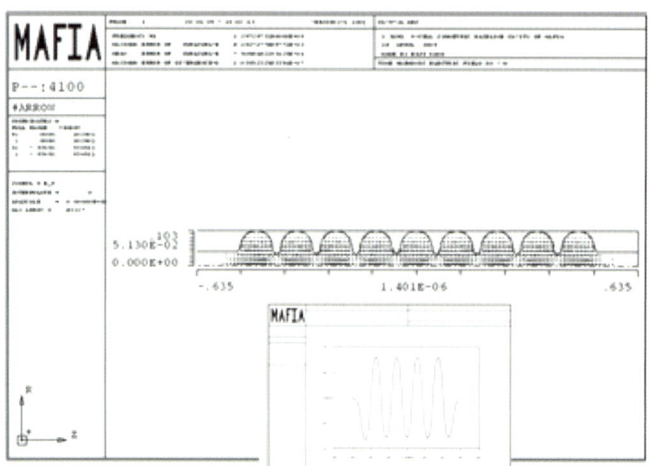

그림 4-9 9셀 초전도 가속관의 가속 모드의 MAFIA 계산 결과(TM010-p)

4.3.4 고조파 모드 계산

SUPERFISH에서는 단극 모드의 고조파(TM-0_{mn})만을 계산하고, 단극을 포함해 2중극, 4중극, 6중극 등의 고조파 모드 계산에는 MAFIA을 사용하여 실시한다. 고조파 출력 결합기는 빔 파이프부에 부착되므로 고조파 에너지가 중앙셀부에 집중되고 끝부분셀의 전자기장이 약한 모드가 존재하면 고조파 출력 결합기와의 충분한 결합을 얻을 수 없다. 이러한 고조파 모드는 포획된 모드라고 불리우며, 초전도 가속관에서는 가속관벽의 고조파 손실이 작으므

로 고조파 에너지는 점차 축적되고 증대되어 빔 불안정성의 원인이 된다. 포획된 모드는 고조파 모드 혼성(mode-mixing)에 의해 패스 밴드의 주파수 차이가 작아지고 에너지 흐름인 군속도가 감소함으로써 발생한다. 따라서, 단일 셀에서의 고조파 모드 패스 밴드의 주파수 특성을 0모드와 π모드에 대해 조사함으로써 포획된 모드의 발생을 예상할 수 있으며, 적어도 빔 파이프에서의 차단 주파수 이하에 있는 포획된 모드를 피하는 것이 중요하다.

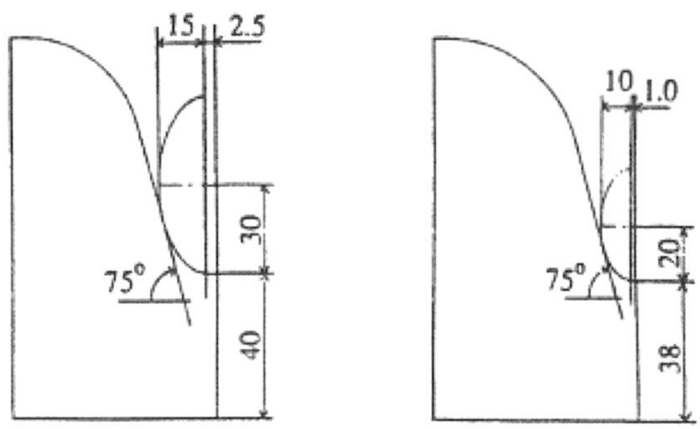

(a) 초기 셀 모양 (b) 개선 후 셀 모양

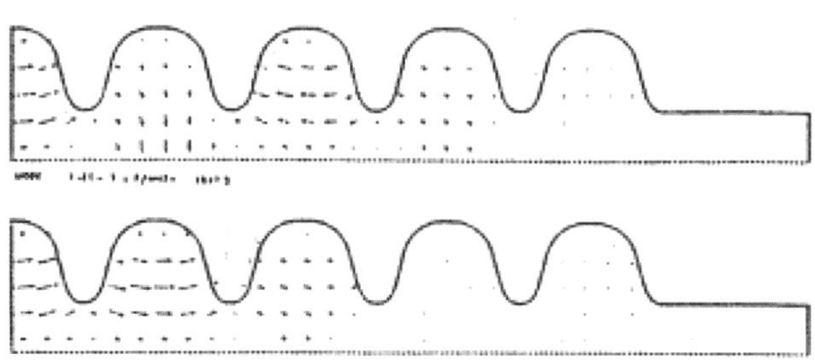

(a) 초기 셀 모양에서 존재하는 포획된 모드들 : TM110-5π/9 모드(위)와 TM110-3π/9 모드(위)

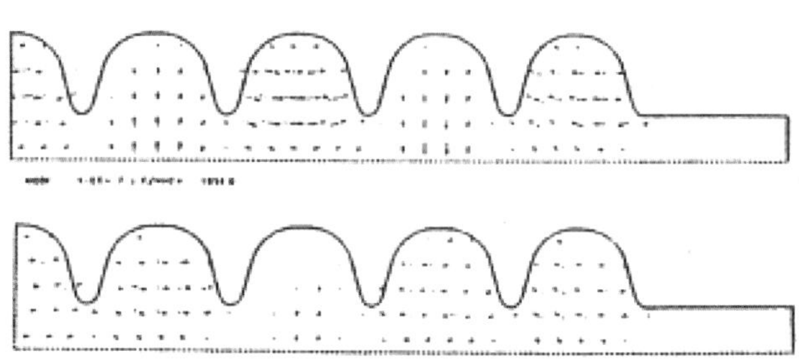

(b) 개선 된 셀 모양에서 존재하는 포획된 모드들

그림 4-10 셀 형태의 개선에 의해 포획된 모드의 개선

두 종류의 셀 형상에 대한 고조파 모드의 비교가 그림 4-10에 나타나 있다. 아이리스부 반경이 40 mm이고 타원 형상이 큰 경우(a)에서는 TM110 모드에서 끝부분 셀에서의 전자기장이 극단적으로 작은 포획된 모드가 존재하고 있으며, 아이리스 반경을 38 mm로 하여 타원 형상을 작게 한 경우(b)에는 포획된 모드가 개선되었음을 알 수 있다. 이는 아이리스 반경을 줄임으로써 TE111 모드와 TM110 모드와의 혼성이 분리된 결과이며, 이와 같이 포획된 모드를 피하기 위해서는 적절한 아이리스부 형태를 선택해야 한다.

4.4 초전도 가속관의 펄스 운전에 있어서 로렌츠 디튜닝

4.4.1 로렌츠 힘에 의한 가속관 변형과 주파수 변화

초전도 가속관에 고조파 가속 전기장을 인가했을 경우에 발생하는 전자기력에(여기서는 통칭으로서 로렌츠 힘을 사용하지만 정확하게는 맥스웰 응력이라고 해야 한다.) 의해 가속관이 그림 4-11에 나타나듯이 축 방향과 지름 방향으로 변형되어 가속관의 공진 주파수에 어긋남이 일어난다. 이것을 로렌츠 디튜닝이라고 한다.

로렌츠 디튜닝은 전자기 해석 코드 SUPERFISH를 이용하여 얻을 수 있는 전자기장 분포로부터 가속관 벽면에서의 맥스웰 응력을 구하여 구조해석 코드에 입력하여 계산할 수 있다. 이 전자기 응력은

$$F = \frac{1}{4}(\mu_o H^2 - \epsilon_o E^2)$$

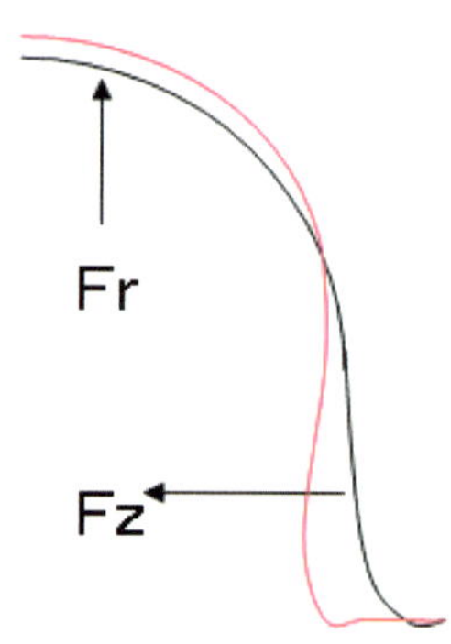

그림 4-11 로렌쯔 힘에 의한 가속관의 변형

으로 주어지며, 이 응력 분포를 ANSYS나 ABAQUS 등의 구조 해석 코드에서 사용하며 정상 상태에서의 가속관의 변형량(Δz, Δr)이 구해지며, SUPERFISH로부터 얻을 수 있는 축방향과 지름방향 주파수 변화감도($\Delta f/\Delta z$, $\Delta f/\Delta r$; 그림 4-6의 출력리스트 참조)를 이용하여 가속관의 주파수 변화를 계산할 수 있다.

로렌츠 디튜닝에 의한 주파수 변화(Δf)는 그림 4-12에 제시된 바와 같이 몇 가지 고유 기계 진동 모드로부터의 기여로 분석될 수 있으며, 또한 가속관 총길이(l)의 변화에 기인하지 않는 것과 기인하는 것의 합으로 근사 가능하며, 다음 식으로 주어진다.

$$\Delta f = \sum_{\text{mode}} \left(\frac{df}{dx}\right)_k \delta x_k \approx \sum_{\text{mode}} \delta f_k + \frac{df}{dl}\frac{dl}{dF_z}F_z$$

$$= \left(A + \frac{df}{dl}\frac{B}{K_s}\right)E_{acc}^2 \qquad (4-11)$$

여기서 x_k는 진동의 진폭, F_z는 축 방향의 응력, K_s는 자켓 및 튜너계의 합성 강도, A 및 B는 정수이다. 또, 이때의 주파수 변화(Δf)에 있어서 디튜닝 각도(ψ)는

$$\tan\psi = -2Q_L\frac{\Delta f}{f} \qquad (4-12)$$

로 주어지며, Q_L은 가속관의 부하 Q값이다.

주파수 변화는 가속관의 전체 길이 구속 조건에 따라 크게 다르지만 완전 구속의 경우에도 그림 4-12의 위에서 4번째로 나타나는 단일 셀 모드에 의해 밴드 폭보다 커질 수 있다. 자켓 및 튜너 시스템 강도가 작으면 가속관 총 길이가 짧아지기 쉽고, 더욱이 디튜량이 커진다. 디튜닝에 효과가 있는 것은 진폭이 크고, 진폭당 주파수 변화가 큰 모드이지만, 주요한 모드는 가속 모드에서의 응력 시간 특성으로 부터 각 셀의 진동이 같은 위상이며 시공간 특성으로부터

1. 셀의 테이퍼 부분이 단순하게 바뀌는 모드
2. 테이퍼부가 반파(half wave)의 모드

의 두 가지가 있음을 짐작할 수 있다. 다르게 말하면, 정상 상태에서의 변형은 이 두가지 모드의 중첩으로 충분히 근사할 수 있다. 전체 길이 제한이 완전히 있어도 단일 셀 모드(그림 4-12 위에서 4번째 모드)는 여기되어, 아이리스에 보강링을 용접하고 보강하거나,

또는 가속관의 두께를 늘리지 않으면 작게 할 수는 없다.

순간적인 디튜닝을 해석하려면 개별의 기계 진동 모드의 시간 응답을 알아야 한다. 맥스웰 응력을 이들 진동 모드의 기준 좌표계에서 전개하면 모드별 외력(F_k)이 구해지며, 기계 진동에 대한 시간 응답 방정식을 얻을 수 있다.

$$\frac{d^2x_k}{dt^2}+\frac{w_{mk}}{Q_{mk}}\frac{dx_k}{dt}+w_{mk}^2x_k=F_k \tag{4-13}$$

여기서 x_k는 기계 진동의 진폭, w_{mk}는 기계 진동의 각 진동수, Q_{mk}는 기계 진동의 Q값이다. 가속관의 디튠량의 시간 응답을 알려면 기계 진동의 식과, 가속관 전압의 식을 번갈아가며 시간을 따라 풀면 된다. 기계 진동 초기에는 반향(ringing)이 있어 주파수가 낮은 튜너모드(그림 4-12 위에서 세 번째 모드)에서 펄스내의 진폭은 정상 상태인 것보다 크며 이 모드를 억제하는 것이 효과적이며, 따라서 자켓 및 튜너 시스템의 강도를 높이는 의미는 크다.

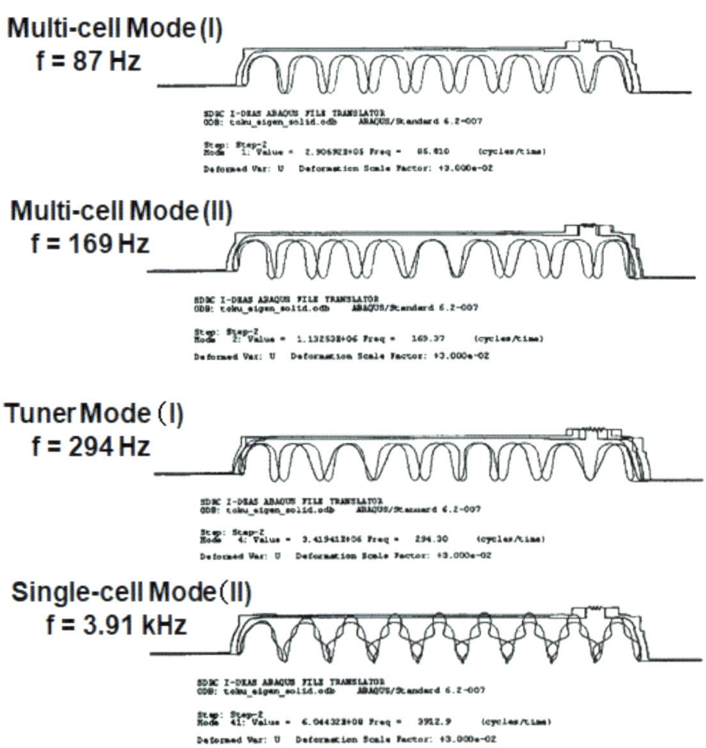

그림 4-12 기계 진동 모드의 모양(972 MHz 9셀 가속관, β=0.725)

4.4.2 J-PARC용 ADS 972 MHz 저온 모듈에서 펄스 운전

펄스 운전에서 대전력 시험이 실시된 저온 모듈은, $\beta = 0.725$(양성자 빔 에너지로서 424 MeV 상당)로 설계되었으며 그림 4-13과 같은 972 MHz 9셀 Nb 가속관 2대(R 가속관 및 L 가속관)가 내부에 장착되어 있다. Nb 가속관의 바깥쪽은 티타늄 액체 헬륨 용기로 덮여 있어 액체 헬륨을 감압함으로써 초유동 상태의 2K까지 냉각된다. 설계치로서 빔 전류 30 mA, 펄스 폭 3 ms에서 25 Hz의 반복 운전을 상정하고 있다. 가속 전기장은 10 MV/m에서 Q값은 10^{10} 이상으로 목표하고 있으며, 이때 고조파 입력 결합기의 외부 Q값 5×10^5의 설정으로 300 kW의 고조파 전력이 가속관으로 공급된다. 가속관의 공진 주파수의 조정 기구로서, 스테핑 모터와 피에조 소자로 구성된 튜너가 진공 탱크 끝판의 외측에 부착되어 있다.

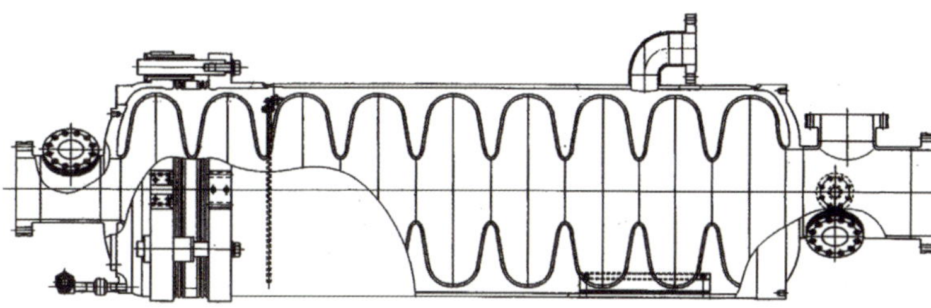

그림 4-13 972 MHz ADS 초전도 가속관

1) 펄스 운전에 의한 대전력 시험

펄스 운전에 있어서 가속 고조파 전자기장은, 발생하는 로렌츠 힘에 의해 초전도 가속관의 변형을 일으켜, 가속관 공진 주파수에 가속 전기장의 제곱에 비례한 양의 어긋남을 준다(식 4-11). 그림 4-14(상)에 R가속관이 12 MV/m로 운전되고 있는 펄스 파형, 그림 4-14(하)에 그 때 가속관의 위상 변화 및 피에조에 의해 검출된 가속관 길이 변형을 나타낸다. 관측된 위상 변화는 −6.5°이며, 가속관의 밴드폭 3 kHz로 부터 공진 주파수의 변화로서 -175 Hz에 해당한다(식 4-12). 이 주파수 변화가 가속 전기장에 미치는 영향은, 불과 0.6 %의 저하이며, 그 펄스 파형(E_{acc})에는 뚜렷한 변화가 보이지 않는다.

반복되는 고조파 펄스에 기인하는 초전도 가속관의 기계적 진동 모드는 그림 4-15에 보이는 바와 같이 튜너 기구에 내장되어 있는 피에조 소자에 의해 검출될 수 있다. 여기서,

R가속관은 10 MV/m로 운전되고 있으며, L가속관에는 고조파 입력이 없다. 가장 현저한 진동모드 주파수는 그림 4-16에 나타난 바와 같이 시그널의 FFT(Fast Fourier Transform)

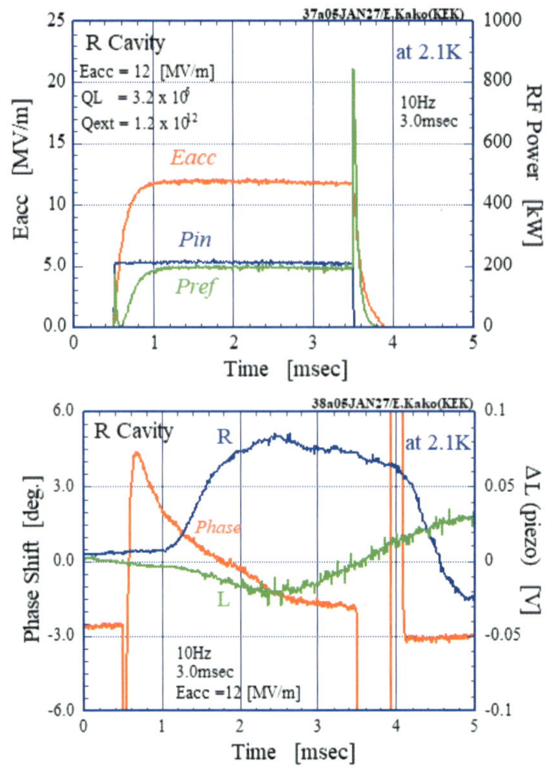

그림 4-14 고조파 시그널의 펄스 파형(상), 위상 변화 및 가속관 길이 변화(하)

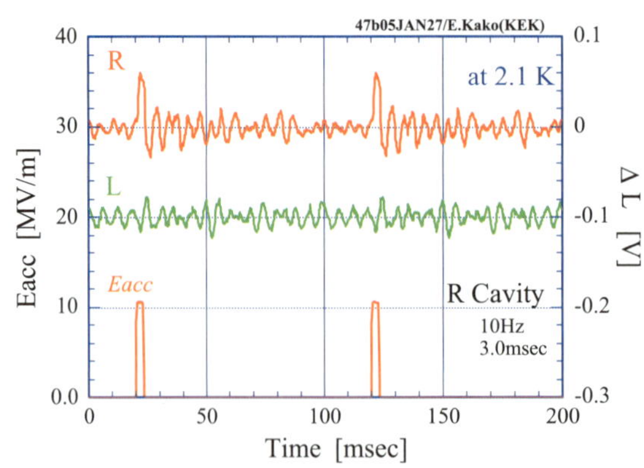

그림 4-15 로렌쯔 힘에 의해 유기된 기계 진동 모드

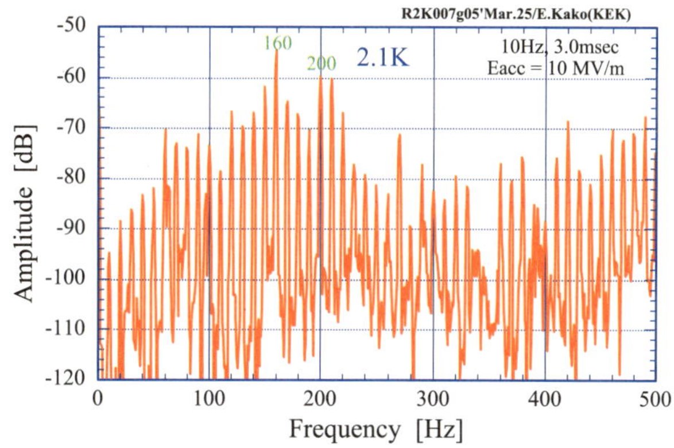

그림 4-16 기계 진동 모드의 주파수 해석

해석에 의해 10 Hz 운전 시에는 160 Hz였고, 25 Hz 운전 시에는 150 Hz였다. 이 주파수는 가속관 변형에 의한 진동 모드의 모델 계산 결과로부터 얻을 수 있는 두 번째 멀티 셀 모드(169 Hz, 그림 4-12 참조)에 가까운 값이다.

2) 로렌츠 디튜닝 보정 실험

로렌츠력에 의한 가속관 길이 변형(ΔL) 및 주파수 변화(Δf)에 대한 가속 전기장 강도 의존성 측정이 이루어지고, 그 결과가 그림 4-17에 나타나 있다. 식 4-11에서 보이는 바와 같이 가속 전기장의 제곱에 대한 피팅한 결과

$$\Delta f[\mathrm{Hz}] = -1.2\, E_{acc}^2 \;\; [(\mathrm{MV/m})^2] \tag{4-14}$$

의 관계식을 얻을 수 있었다. 이 계수는 모델 계산 결과 (-1.3)와 모순되지 않는 값이었다.

피에조 튜너에 펄스 전압을 인가하는 것에 따라 가속관의 전체 길이를 수 μm 정도 변화시킬 수 있다. 10 MV/m에서의 로렌츠 힘에 의해 유기되는 위상 변화가 피에조로의 인가 전압에 의해 억제되고 있는 모습을 그림 4-18에 보이고 있다. 피에조 튜너에서 가속관으로 기계적 응답 특성이 그리 빠르지 않으므로, 펄스 초기의 위상 변화에 대해서는 효과를 볼 수 없다. 또한 수 kHz의 빠른 성분을 갖는 단일 셀 모드(그림 4-12 위에서 네 번째 모드)가 펄스 초기의 가속관 변형에 주로 기여하고 있다고 생각된다.

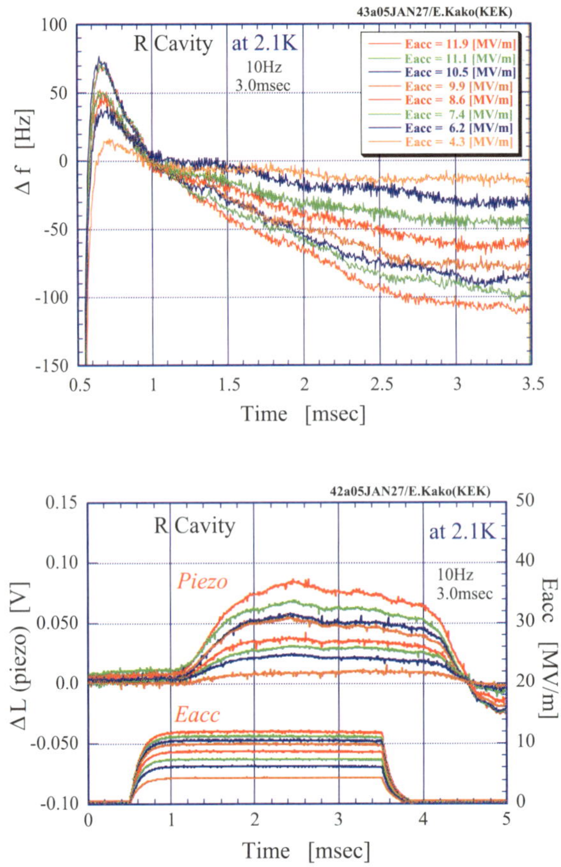

그림 4-17 로렌쯔 힘에 의한 주파수 변화(상)와 가속관 길이 변화(하)의 가속 전기장 의존성

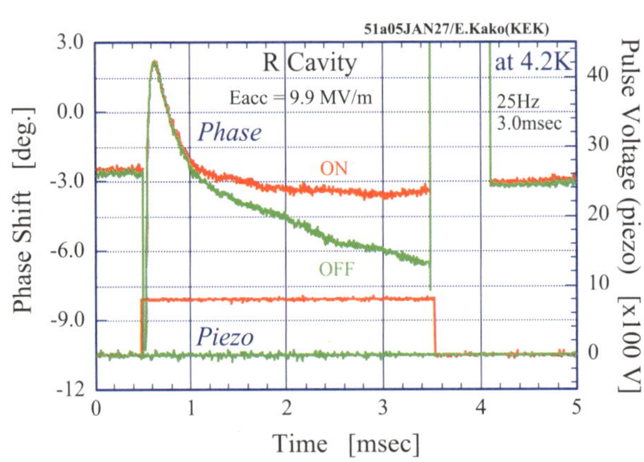

그림 4-18 피에조 튜너에 의한 로렌쯔 디튜닝의 보정

4.5 STF 초전도 가속관

4.5.1 ILC에서의 고조파 파라미터

25 MV/m의 운전을 상정한 TESLA500과 31.5 MV/m의 운전을 목표로 하는 ILC의 고조파 파라미터 비교를 표 4-1에 나타낸다. ILC에서 예상되는 로렌츠디튜닝은 1000 Hz이며, 그 디튜닝 각도는 78°까지 이른다. 대전력 고조파원에 충분한 여유가 있어 되먹임 제어가 가능하다면 좋겠지만, 실제로는 이 디튜닝량을 그림 4-19와 같이 피에조 튜너를 이용하여 보정해야 한다. 그러나 이러한 튜닝량을 피에조 튜너로 제어하는 것은 쉬운 일이 아니다. 게다가 그림 4-20에 나타내는 것과 같은 RF 펄스 후의 기계 진동 모드의 억제도 필요하다. 이와 같이 고전기장의 펄스 운전에 있어서 로렌츠 디튜닝이나 기계 진동 모드를 완화하기 위해서는 자켓 및 튜너 시스템의 강도를 강하게 하는 가속관의 설계가 효과적이며 또한 가장 중요하다.

표 4-1 TESLA와 ILC의 고조파 파라미터 비교

	TESLA	ILC
빔 에너지	500 GeV	800 GeV
빔 전류	10 mA	10 mA
가속 구배	25 MV/m	31.5 MV/m
고조파 피크 전력	250 kW	315 kW
고조파 손실	0.56 W	0.97 W
동적 로렌쯔 디튜닝	600 Hz	1000 Hz
1/2 밴드 폭	270 Hz	210 Hz
디튜닝 각도	66 degree	78 degree

4.5.2 STF 가속관의 개선점

로렌츠 디튜닝에 의한 주파수 변화를 억제하기 위해서는 가속관 전 길이를 제한하고 있는 자켓 및 튜너 시스템의 강도를 올리는 것이 효과적이다. STF 가속관에서는 티타늄제

헬륨 탱크 자켓 끝판의 판 두께를 두껍게 하여 강도를 높이는데 주안점을 두고 기준 설계인 TESLA 9셀 초전도 가속관에 여러가지 개선을 하였다. 그림 4-21과 그림 4-22는 각각 TESLA 9셀 초전도 가속관 및 STF 9셀 초전도 가속관의 단면도와 사진으로 상호 비교를 위해서 보이고 있다.

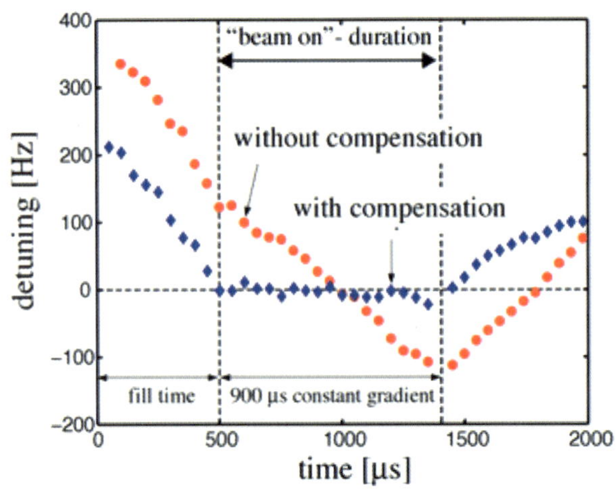

그림 4-19 TESLA 가속관에 있어서 로렌쯔 디튜닝의 보정 실험 [1] (E_{acc} = 23.5 MV/m)

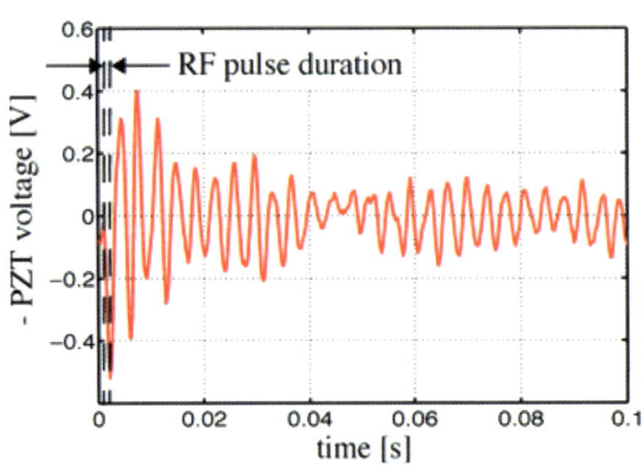

그림 4-20 TESLA 가속관의 펄스 운전시 기계 진동모드 [1] (E_{acc} = 30 MV/m, 10 Hz)

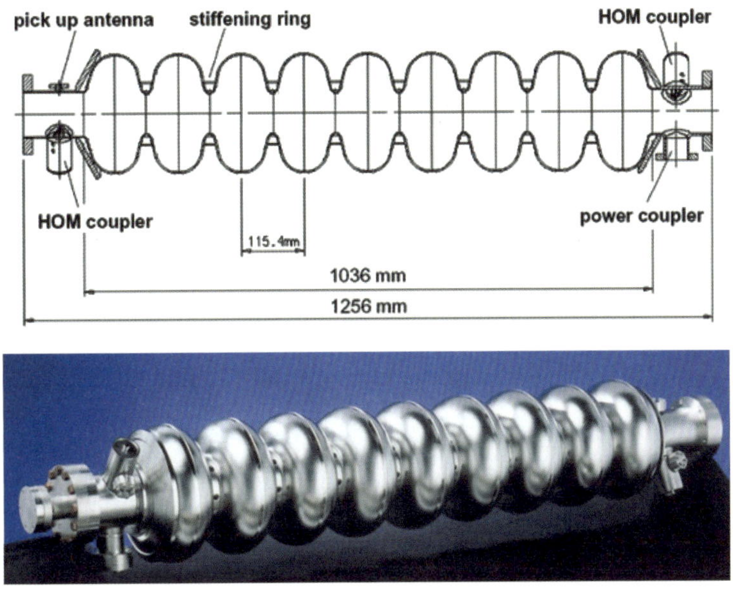

그림 4-21 TESLA 9셀 초전도 가속관 [2]

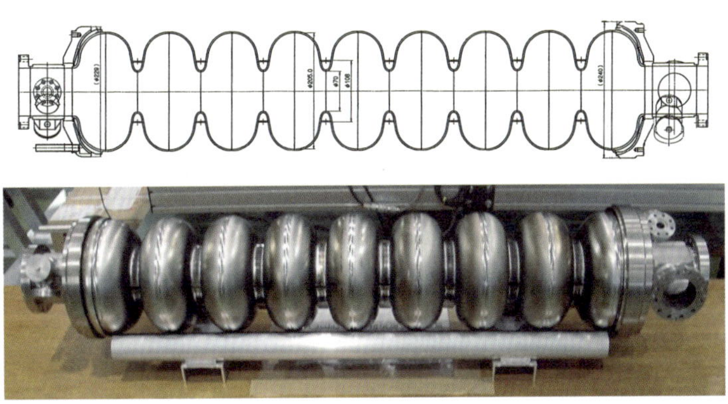

그림 4-22 STF 9셀 초전도 가속관 [2]

1) STF 가속관의 개선점

STF 가속관의 주요 개선점을 정리하면

1. 티타늄 자켓 단판 두께를 15 mm로 두껍게 하여 강도를 올린다.
2. 자켓 끝판의 지점이 되는 빔 파이프와의 용접부의 강도를 올리기 위해 Nb로 제작한 빔 파이프의 두께를 5 mm로 하며 Nb 블록의 절삭 가공에 의해 제작한다.

3. 보강링의 대용으로 실시하는 끝부분 셀과 자켓 끝판과의 용접을 줄이기 위해 끝 부분 셀의 Nb 판 두께를 3.2 mm로 두껍게 하여 강도를 높인다(중앙 셀의 판 두께는 2.8 mm).
4. 자켓 끝판과 끝부분 셀 사이의 공간에 자기 차폐를 삽입해 두고, 헬륨 탱크 자켓 장착시에는 그 내측 전체에 자기 차폐를 설치한다.
5. 자켓 끝판의 판두께를 두껍게 함으로써 입력 결합기용 포트가 끝부분 셀로부터 떨어져 결합도가 작아지기 때문에 빔 파이프의 직경을 78 mm에서 84 mm로 넓혀 충분한 결합도를 얻을 수 있도록 한다.
6. 빔 파이프의 직경을 넓힘으로써 입력 결합기용 포트의 직경도 40 mm에서 60 mm로 넓게한다. 이에 따라 저온부 고조파 창의 크기를 크게 할 수 있으므로 세라믹스의 통과 전력밀도를 낮출 수 있는 이점이 된다.
7. 빔 파이프의 직경을 넓게함으로써 고조파 출력 결합기와의 결합도 강하게 할 수 있다.
8. 빔 파이프를 포함한 끝 부분셀의 형상을 개선했기 때문에 중앙 셀 형상에 대해서도 재검토를 실시하여 셀의 경사 각도를 76.7°에서 80°로 변경하였다.

2) 자켓 및 튜너 시스템 강도

TESLA 가속관의 2개의 가속관간 접합부 단면도가 그림 4-23에 나타내고, 또 자켓 끝판의 판 두께를 두껍게 하여 강도를 높인 STF 가속관의 가속관간 접합부를 그림 4-24에 나타낸다. 표 4-2는 TESLA 가속관 및 STF 가속관의 자켓 및 튜너 시스템 강도 정리를 나타낸다. STF 가속관의 강도를 강화한 결과, 자켓과 튜너 시스템의 합성 강도는 13 kN/mm 에서 80 kN/mm 로 개선되었으며, $E_{acc} = 31.5$ MV/m 에서의 운전에 있어서 축 방향 변형량으로는 2.6 μm 에서 0.4 μm 으로 경감할 수 있는 것으로 나타났다. 이 때 단일 셀 모드에

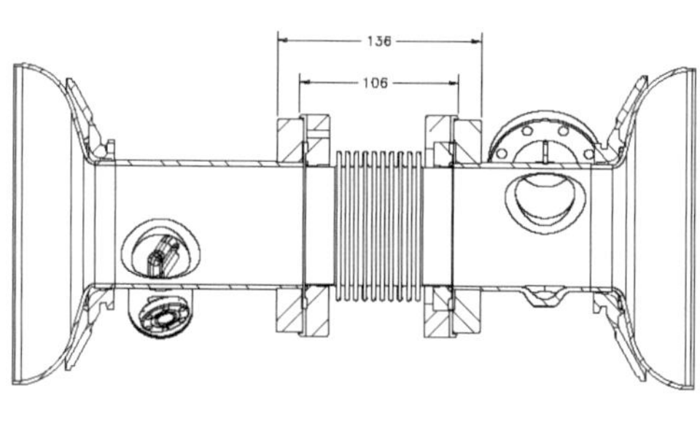

그림 4-23 TESLA 가속관의 두 가속관간 접합부 [2]

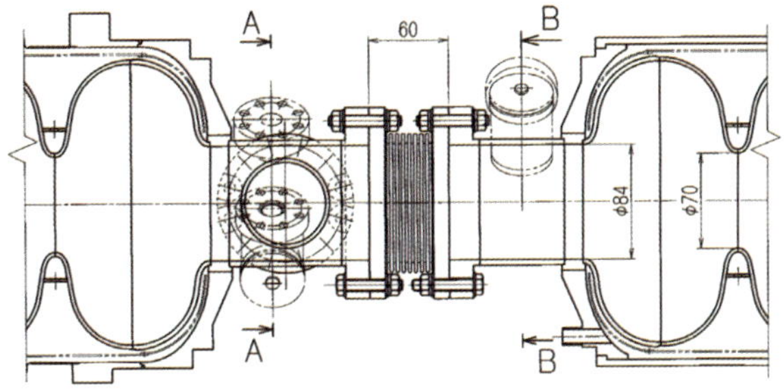

그림 4-24 STF 가속관의 두 가속관간 접합부

표 4-2 TESLA 가속관과 STF 가속관의 강도(E_{acc} = 31.5 MV/m 운전 경우)

가 속 관	TESLA	STF
튜너 시스템	Blade 튜너	Slide-Jack 튜너
자켓 강성	26 kN/mm	96 kN/mm
튜너 강성	26 kN/mm	400 kN/mm
총 강성	13 kN/mm	80 kN/mm
축 방향 힘	34 N	34 N
축 방향 수축	2.6 μm	0.4 μm

의한 디튜닝량 365 Hz를 포함한 주파수 변화는 TESLA 가속관에서는 1000 Hz가 STF 가속관에서는 500 Hz까지 억제할 수 있는 것으로 평가되었다. 이 디튜닝량의 개선을 검증하는 것이 저온 모듈에서의 대전력 시험의 주요 목적 중 하나이기도 하다.

3) 셀 형상의 수정

빔 파이프를 포함한 끝부분 셀 그룹의 개선을 수행했기 때문에 중앙 셀 형상에 대해서도 재검토를 실시했다. 여기서는 고조파 모드의 특성에 큰 영향을 주지 않도록 아이리스 반경은 TESLA 형상과 동일한 35 mm로 고정하고, 아이리스의 타원 형상과 셀의 경사 각도(θ)를 파라미터로서 계산한 결과를 그림 4-25에 나타낸다. 그림 안에 표시된 TESLA 형상의 각 고조파 파라미터에 대해서, E_{sp}/E_{acc}를 너무 크게 하지 않고 H_{sp}/H_{acc}를 가능한 작게 하고, 또한 R/Q 및 G를 크게 할 수 있는 방향으로 최적화를 실시한 결과, 아이리스에 1 mm의 평탄부를 삽입한 타원 형상(case D)에서 셀 경사 각도($\theta = 80°$)의 가속관 형상이 가장 적절한 것으로 나타났다. 이 경우에 있어서, 셀간 결합도도 1.9 %에서 2.0 %로 향상한다. 셀 형상을 재검토한 STF 가속관과 TESLA 가속관의 고조파 파라미터 비교를 표 4-3에 나타낸다. 여기서 STF 가속관에서 R/Q가 2% 정도 감소하고 있는 것은 빔 파이프의 직경을 크게 함으로써 끝부분 셀로부터 전자기장의 침입가 증가해 감속 효과에 대한 기여가 커졌기 때문이다.

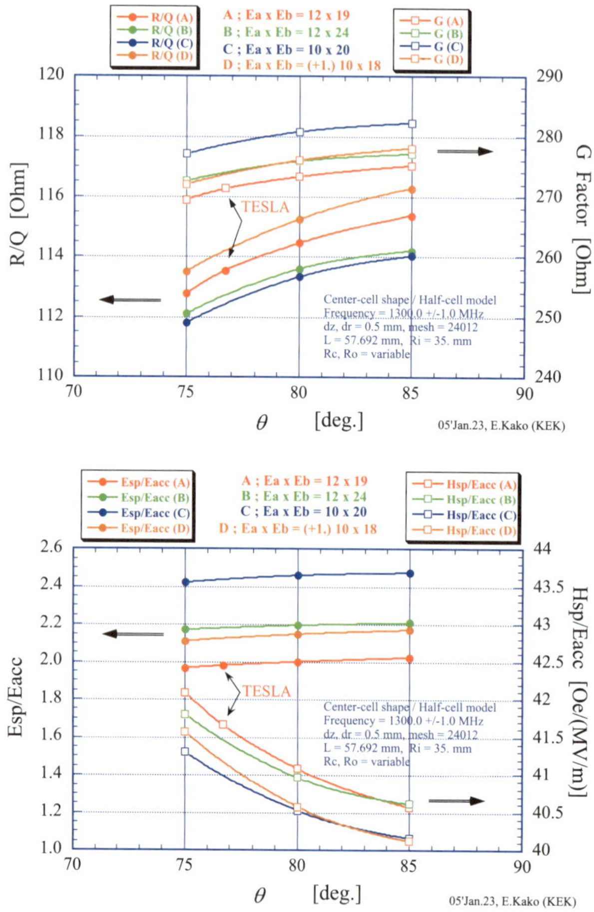

cell to cell coupling

TESLA case = 1.89 %

Case (D-80 degree) = 1.98%

그림 4-25 고조파 파라미터의 셀 경사각도(θ) 의존성 및 셀간 결합도

표 4-3 STF 가속관과 TESLA 가속관의 고조파 파라미터의 비교

가 속 관	STF	TESLA
가속관 설계 길이	1259 mm	1256 mm
셀 테이퍼	80 deg.	76.7 deg.
빔 파이프 직경	84 mm	78 mm
입력 포트 직경	60 mm	40 mm
E_{sp} / E_{acc}	2.17	1.98
H_{sp} / E_{acc}	41.0 Oe/MV/m	42.6 Oe/MV/m
R/Q	1016 Ω	1036 Ω
기하 인자	277 Ω	271 Ω
셀간 커프링	2.0 %	1.9 %

4.5.3 고조파 입력 결합기와의 결합도 특성

초전도 가속관에서 가속관 손실(P_o)은 빔 전력 (P_{beam})에 비해 무시할 수 있을 정도로 작으므로, 고조파 입력 결합기의 외부 Q값(Q_{in})는 다음 식으로 주어진다.

$$Q_{in} = Q_L = \frac{(E_{acc} \cdot L_{cavity})^2}{P_{beam}(\frac{R}{Q})} \tag{4-15}$$

여기서, $P_{beam} = I_b \cdot E_{acc} \cdot L_{cavity}$이다. 앞 절에서 설명한 바와 같이 펄스 운전에서는 로렌츠 디튜닝에 의해 공진 주파수에 편차가 발생한다. 따라서 입력 결합기의 Q_{in}를 과다 매칭으로 하여 밴드 폭을 넓히는 것은 안정적인 가속 전기장의 제어를 생각할 때 큰 이점이 된다. 절반의 밴드 폭(Δf)은

$$\Delta f = \frac{f}{2Q_{in}} \tag{4-16}$$

으로 주어진다. 표 4-4에 1.55배의 과다 매칭으로 했을 경우의 1/2 밴드폭과 고조파 전력의 비교를 나타내고 있다. 여기서, 1/2 밴드 폭이 1.5배로 넓어져도 고조파 전력의 증가는 겨우 5 %에 불과하여 과다 매칭으로 하는 것에 의한 이점은 크다.

입력 결합기의 결합도를 2×10^6으로 설정하기 위해 그림 4-26에 나타내는 끝부분 셀 형태를 갖는 단일 셀 모델 구리 가속관에 대해 안테나 앞부분의 돌출 위치와 외부 Q값과의 관계를 HFSS를 이용하여 계산한 결과를 그림 4-27에 나타낸다. 여기서 HFSS의 계산결과로서 얻을 수 있는 S11, S21, Δf(밴드폭)에서 입사 전력(P_{in})을 기준으로 하여, 각각 반사 전력(P_{ref}), 투과 전력(P_{ext}), Q_L가 구해지고, 세로 측정에 있어서 가속관 성능의 계측과 같은 방법을 이용해, 식 (4-17~4.21)들로부터 가속관 손실(P_o) 및 가속관의 Q값(Q_o)을 구한다.

표 4-4 고조파 입력 결합기의 외부 Q값의 비교(E_{acc} = 31.5 MV/m, I_b = 10 mA의 경우)

	매칭 조건	과다 결합
빔 β	β_o	1.55 β_o
Q_{in}	3.1×10^6	2.0×10^6
1/2 밴드 폭	210 Hz	325 Hz
입력 고조파 파워	315 kW	330 kW

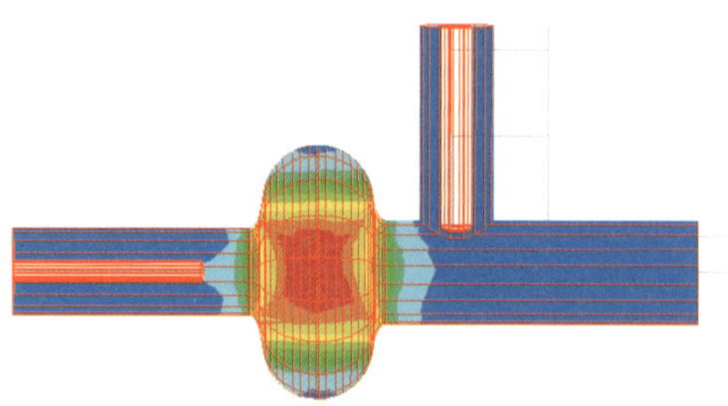

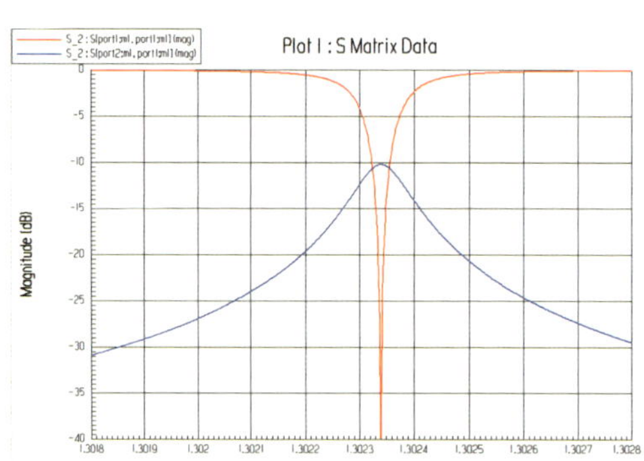

그림 4-26 모델 가속관에 있어서 전기장 강도(좌) 및 S11, S21의 계산 결과(좌)

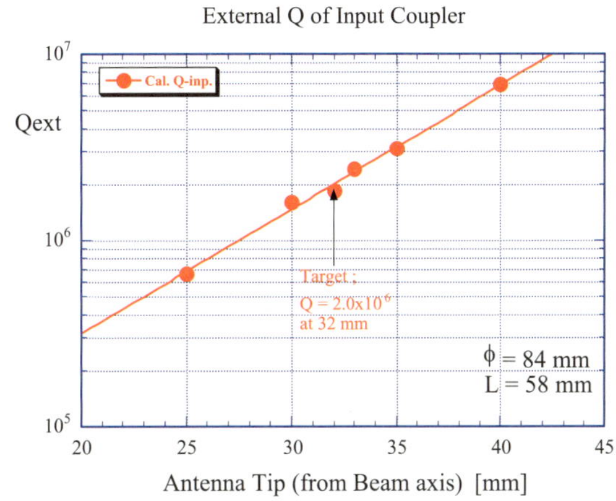

그림 4-27 입력 결합기의 안테나 앞부분의 돌출량에 대한 외부 Q값 계산 결과

$$P_o = P_{in} - P_{ref} - P_{ext} \tag{4-17}$$

$$\beta^* = \frac{1 \pm \sqrt{P_{ref}/P_{in}}}{1 \mp \sqrt{P_{ref}/P_{in}}} \tag{4-18}$$

$$\beta_{ext} = P_{ext}/P_o \tag{4-19}$$

$$\beta_{in} = \beta^* (1 + \beta_{ext}) \tag{4-20}$$

$$Q_o = Q_L (1 + \beta_{in} + \beta_{ext}) \tag{4-21}$$

여기서 9셀 가속관과의 결합도를 구하기 위해, 가속관의 축적 에너지를 9배로 하여 식 (4-6)으로부터

$$Q_{ext} = 9 P_o Q_o / P_{ext} \tag{4-22}$$

부터 외부 Q값(Q_{ext})를 계산할 수 있다. 이 결과로부터 안테나 앞부분이 빔 축으로부터 32 mm 위치가 되도록 안테나 길이가 설계되었다.

4.5.4 고조파 모드

STF 가속관의 고조파 모드 주파수 분포 계산 결과를 그림 4-28에 나타낸다. 단극, 2중극,

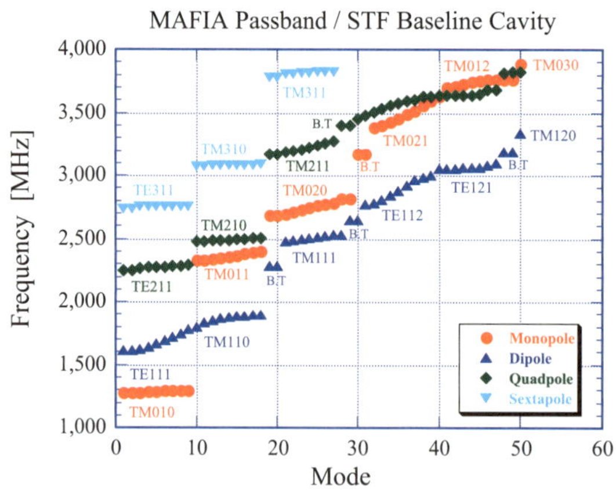

그림 4-28 단극, 2중극, 4중극, 6중극의 각 고조파 모드의 주파수 분포

4중극 및 6중극의 각 고조파 모드에 대해서, 각각 50번째까지 모드 주파수가 정리되어 있어 제작된 가속관의 측정에 있어서, 이들 각 모드의 주파수 식별이 이루어졌다.

단극 모드 및 쌍극 모드의 패스밴드 주파수 분포와 그들의 임피던스가 그림 4-29와 그림 4-30에 각각 표시되어 있다. 각 단극 모드의 임피던스 $\left(\frac{R}{Q}\right)_i[\Omega]$는 빔축상($r=0$)에 있어서

$$\left(\frac{R}{Q}\right)_i = \frac{V_{Zi(r=0)}^2}{w_i W} \tag{4-23}$$

로 주어진다. 또한 빔 축으로부터($r=a$) 떨어진 장소에 있어서, 각 쌍극 모드의 임피던스 $\left(\frac{R}{Q}\right)_i[\Omega/\mathrm{m}]$는

$$\left(\frac{R}{Q}\right)_i = \frac{1}{2k_i a^2}\frac{V_{Zi(r=a)}^2}{w_i W} \tag{4-24}$$

으로 계산된다. 이때

$$V_{Zi}(r) = \int_0^L E_{Zi}(z,r)e^{ik_i z}dz \tag{4-25}$$

이며, 여기서, $k_i = \frac{2\pi f_i}{c}$ 이다. 빔이 각 단극 모드에 주는 에너지, 즉 고조파 모드의 손실은,

다음 식으로 주어지며,

$$P_{HOM} = \left(\frac{R}{Q}\right)_i I_b^2\, Q_{L,i} \exp\left[-\left(\frac{w_i \sigma_z}{c}\right)^2\right] \tag{4-26}$$

여기서 I_b는 빔 전류, σ_z는 번치 길이이다. 고조파의 위상 속도가 빔의 속도와 같아질 때 R/Q가 큰 값이 되며, 특히 TM011- $\pi/9$, $2\pi/9$, $3\pi/9$ 모드에 대해서는, Q_L을 $1 \sim 5 \times 10^4$ 정도 이하로 할 필요가 있다. 10 mA 의 빔 전류의 경우에는, 고조파 손실로서 ~300 W 정도의 출력으로 평가된다.

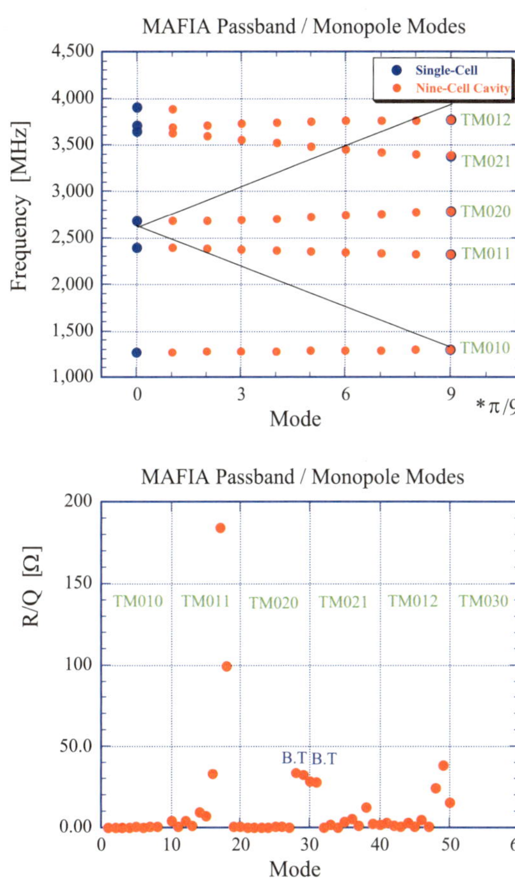

그림 4-29 단극 모드에서 패스 밴드의 주파수 분포(위)과 임피던스(아래)

4.6 가속 모드의 주파수 조정

4.6.1 사전 튜닝

제작 완성시의 가속관은 제작 오차 등의 요인에 의해 각 셀의 전기장 강도가 동일하지 않고, 또한 공진 주파수도 목표 주파수로부터 어긋난다. 가속 모드의 주파수를 2 K에서의 운전 주파수에 맞추고, 또한 각 셀의 전기장 강도를 균일하게 하기 위해 사전 튜닝을 행한다.

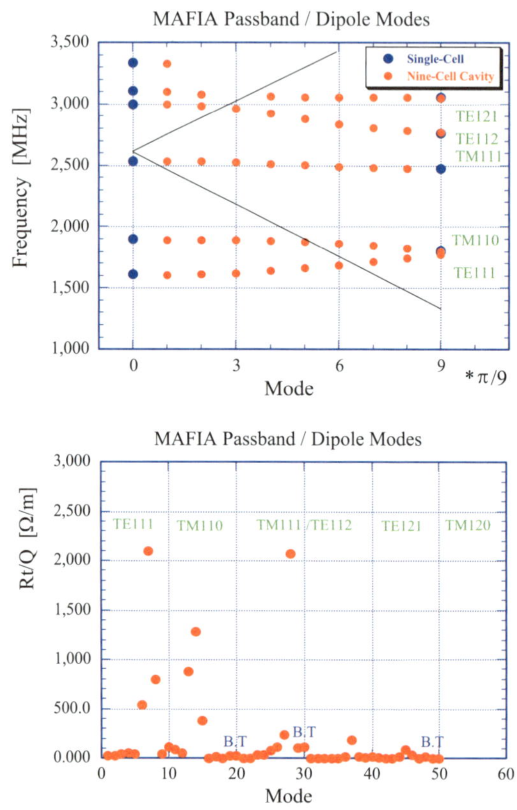

그림 4-30 쌍극 모드에서 패스 밴드의 주파수 분포(위)과 임피던스(아래)

1) 9셀 가속관 등가회로

9셀 가속관의 등가 회로를 그림 4-31에 나타낸다. 셀 간의 결합도가 약하고 결합 상수 C_k를 통해 인접한 셀과만 결합한다고 가정하여 아래 식을 얻을 수 있다[4].

9셀 가속관의 공진 주파수가 (f)일 때, i번째 셀의 공진 주파수를 $(f_i^{'})$라고 하면 가운데 셀$(i=2\sim 8)$에 대해서는

$$\frac{f_i^{'}}{f}=\frac{1}{\sqrt{1-k\frac{I_{i-1}+I_{i+1}}{I_i}}}=\frac{1}{\sqrt{1+k\frac{E_{i-1}+E_{i+1}}{E_i}}} \tag{4-27}$$

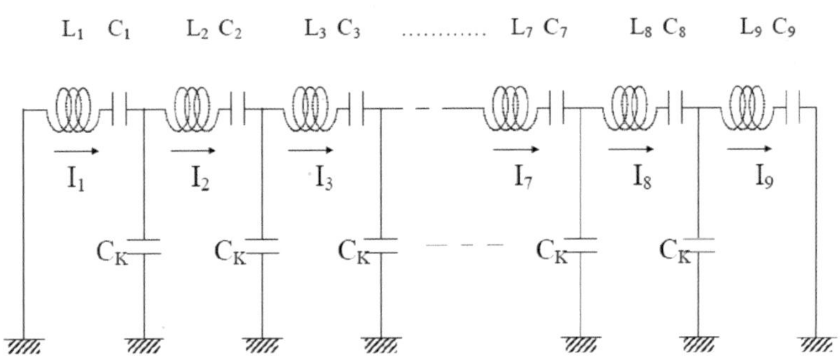

그림 4-31 9셀 가속관의 등가회로

끝 부분 셀$(i=1\sim 9)$에 대해서는

$$\frac{f_{1,9}^{'}}{f}=\frac{1}{\sqrt{1-k\frac{I_{2,8}}{I_{1,9}}}}=\frac{1}{\sqrt{1+k\frac{E_{2,8}}{E_{1,9}}}} \tag{4-28}$$

로 되어, 여기서, I_i는 i번째 셀의 전류 밀도, E_i는 i번째 셀의 전기장 강도$(E_i\sim|I_i|)$ 이다. k는 셀간 결합도(cell-to-cell coupling)라 불리며 9셀 가속관의 0 모드 주파수(f_o)와 π 모드의 주파수(f_π)로 부터 식 (4-29)으로 주어진다.

$$k=\frac{f_\pi-f_o}{f_\pi+f_o} \tag{4-29}$$

목표 주파수(F_{target})에서 전기장 평탄도가 100 %가 되는 이상적인 경우에는

$$I_1=-I_2=I_3=\cdots=-I_8=I_9 \tag{4-30}$$

이므로 i 번째 셀의 목표 주파수$(F_i^{'})$라고 하면, 가운데 셀$(i=2\sim 8)$에 대해서는

$$\frac{F_i'}{F_{target}} = \frac{1}{\sqrt{1+2k}} \tag{4-31}$$

끝부분 셀($i=1 \sim 9$)에 대해서는

$$\frac{F_{1,9}'}{F_{target}} = \frac{1}{\sqrt{1+k}} \tag{4-32}$$

이 되며, 따라서 각 셀의 수정해야 할 주파수로서

$$\Delta f_i = F_i' - f_i' \tag{4-33}$$

을 얻을 수 있다. 각 셀별 목표 주파수와의 차이가 가능한 최소치가 되도록 각 셀을 영구 변형시켜 목표로 하는 전기장 평탄도가 달성될 때까지 변형을 반복적으로 수행해야 한다

2) 사전 튜닝

빔 축에 따른 가속 모드의 전기장 강도 분포는 비즈 섭동법에 의해 측정되며, 공진 주파수의 변화량(Δf)과 전기장 강도(E)는 $E \sim \sqrt{\Delta f}$ 로 관계 지어진다. #4 가속관의 입고시와 사전 튜닝 후 전기장 강도 분포를 그림 4-32에 나타내고, 이때 각 셀의 목표 주파수로부터의 편차 분포를 그림 4-33에 나타낸다. 가속관 입고시 측정에서 각 셀의 주파수는 ±400 kHz 정도의 제작 정밀도가 있음을 알 수 있으며, 98% 이상의 전기장 평탄도를 달성하기 위해서는 목표 주파수로부터의 차이를 ±100 kHz 이하로 사전 튜닝에 의해 조정해야 한다.

#1 가속관에 행해진 사전 튜닝 전후에서의 가속 모드의 전기장 강도 분포 변화를 그림 4-34에 나타내고, 이때 영구 변형으로서 가해진 덤벨 길이 변화를 그림 4-35에 나타낸다. 사전 튜닝에 의해 가속관의 공진 주파수를 목표 주파수로 조정하기 위해 각 덤벨에 1 mm 이상의 영구 변형이 일어나도록 늘려서 조정하고 있음을 알 수 있다. 그림 4-36에는 TM010 모드의 패스 밴드 주파수의 계산값과 측정 결과가 제시되어있다. 여기서 N셀 가속관의 TM010-mπ/N 모드의 패스 밴드 주파수(f_m)는 k(식 4-29)를 이용하여,

$$f_m = \{1+2k(1-\cos(m\pi/N))\}^{1/2} f_o \tag{4-34}$$

에 의해 주어진다. 이들 패스 밴드는 세로 측정에서 특정 셀에 높은 가속 전기장을 발생시킴으로써 각 셀의 고 전기장 성능을 평가할 때 이용된다.

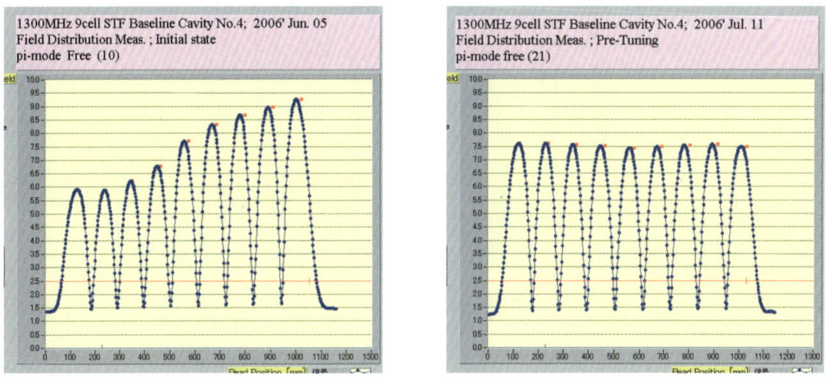

그림 4-32 #4 가속관 입고시(63%, 좌)와 사전 튜닝 후(98%, 우)의 전기장 강도분포

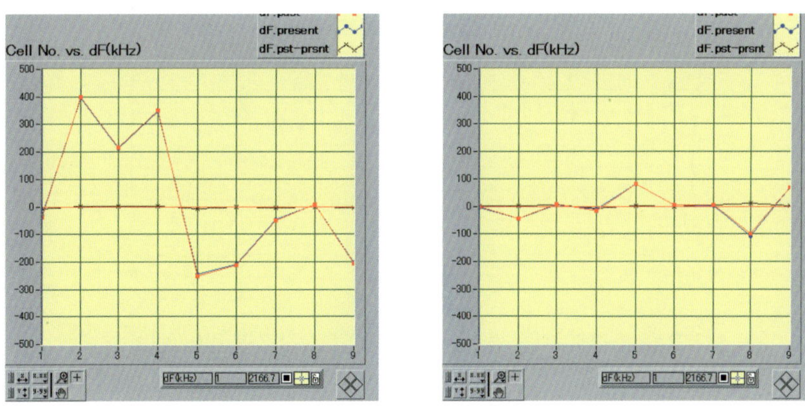

그림 4-33 #4 가속관의 셀당 주파수 오차의 분포.
(좌) 입고시의 $\Delta f = \pm 400\,\mathrm{kHz}$, (우) 사전 튜닝 후의 $\Delta f = \pm 100\,\mathrm{kHz}$.

4.6.2 제작 공정들에서의 주파수 변화

STF 가속관 4대의 최초 입고시에 있어서 주파수, 가속관 전기장, 전기장 평탄도를 표 4-5에 나타낸다. 설계치 대비 제작 완성시 주파수는 약 2.5 MHz 낮고 가속관 총 길이는 8 mm 정도 짧다(#4 가속관에서는 아이리스의 용접 조건을 바꿈으로써 개선이 보인다). 더욱 정밀하게 가속관을 제작하기 위해서는 설계 주파수 수치의 재검토를 포함하여, 용접

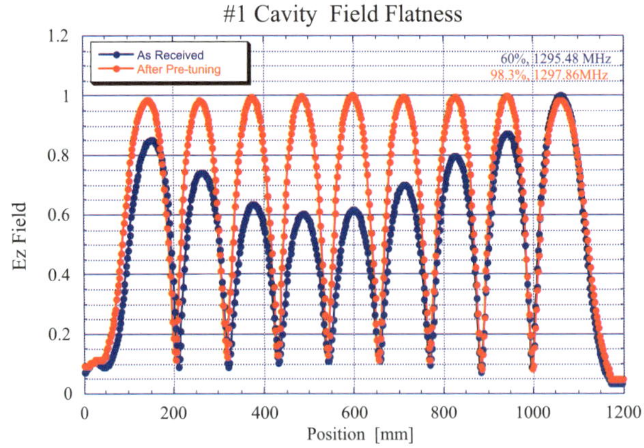

그림 4-34 사전 튜닝 전후에서의 가속 모드의 전기장 강도분포(전 60%, 후 98.3%)

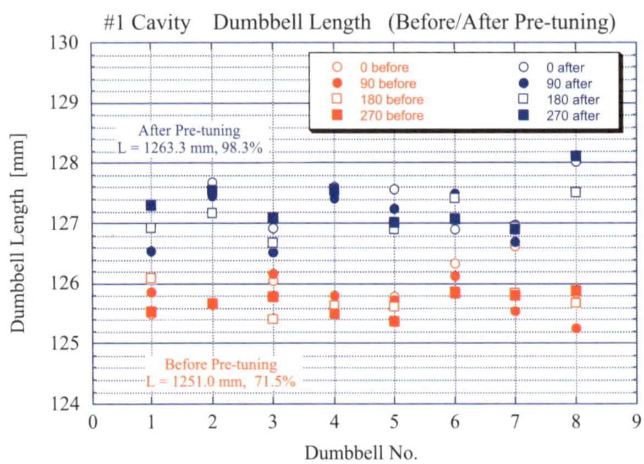

그림 4-35 사전 튜닝 전후에서 덤벨 간격의 길이 변화

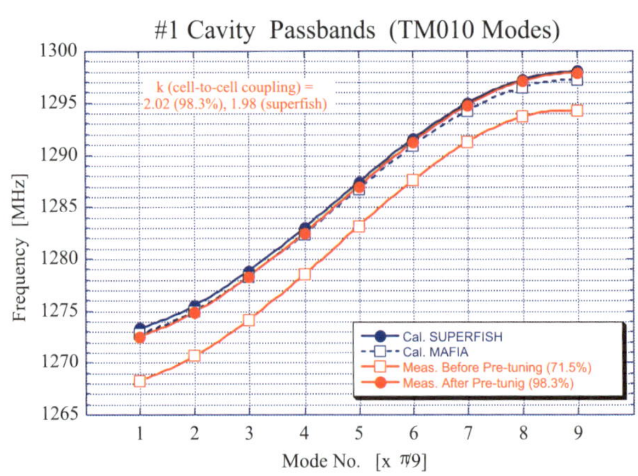

그림 4-36 TM010 모드의 패스 밴드 주파수

조건, 용접 수축, 용접시 열 변형의 영향 등의 재검토를 요한다.

표 4-6에 사전 튜닝 후 주파수, 가속관 전기장, 전기장 평탄도를 나타낸다. 또, 각 표면처리 공정에 있어서의 주파수 변화의 정리를 표 4-7에 나타낸다. 사전 튜닝에서의 목표주파수는 1297.5 MHz이며, 다음과 같은 사항을 고려하여 결정되었다.

표 4-5 STF 가속관 4대의 입고시의 주파수, 가속관 총 길이, 전기장 평탄도

	주파수	가속관 길이	전기장 평탄도
설계치	1298.0 MHz	1259.0 mm	99 %
#1 가속관	1295.48 MHz	1259.1 mm	60 %
#2 가속관	1295.74 MHz	1250.5 mm	25 %
#3 가속관	1295.50 MHz	1250.5 mm	69 %
#4 가속관	1297.21 MHz	1254.5 mm	63 %

표 4-6 사전 튜닝 이후의 주파수, 가속관 길이, 전기장 평탄도

	주파수	가속관 길이	전기장 평탄도
#1 가속관	1297.63 MHz	1263.9 mm	97 %
#2 가속관	1297.57 MHz	1261.5 mm	98 %
#3 가속관	1297.46 MHz	1262.0 mm	98 %
#4 가속관	1297.51 MHz	1261.8 mm	98 %

표 4-7 각 공정에 있어서 주파수의 변화량 [kHz]
(EP-1 =100 μm/#1, #2, #3, 120 μm/#4, EP-II = 50 μm, * = 미측정)

가속관	# 1	# 2	# 3	# 4
CBP& EP-1	-1351	-1451	-1460	-1899
Anneal	82	90	19	107
Pre-tuning	3862	3186	3401	2091
EP-II	-390	-385	-380	*
300K to 4K	2300	2344	2377	*
4K to 2K	-1.9	-2.4	-2.3	*

1. 운전 주파수 = 1300 MHz
2. 운전시 튜너 하중에 따른 주파수 변화 = +500 kHz (약 2 mm 당김)
3. 4 K에서 2 K로의 감압에 의한 주파수 변화 = −2 kHz
4. 상온에서 4 K로의 냉각에 의한 주파수 변화 = +2400 kHz
5. 최종 표면처리(EP-II) 50 μm의 전계 연마 = −400 kHz
   (세로 측정시 가속관은 Ti으로 만든 지지대 지그로 총 길이가 고정되어 있기 때문에 2 K로의 감압에 의한 주파수 변화는 작다. 또, 가속관내를 대기압으로부터 진공으로 하는 것에 의한 유전율의 변화로부터 생기는 주파수 변화는 무시하고 있다.)

사전 튜닝 후 가속관 총길이는 1262.7±1.2 mm로 설계치보다 약 4 mm 길지만, 이것은 가속관간에 접속되는 벨로우즈에 의해서 조정되게 된다. 여기서 주의해야 할 것은 세로 측정 종료 후 측정에 있어서 어느 가속관도 전기장 평탄도가 94~95 % 정도로 저하되어 있다는 것이며, 그 원인으로서 운반시 취급에 따른 변형, 최종 전해 연마에서의 지그 장착에 의한 변형, 혹은 전해 연마에 의한 각 셀에서의 불균일한 연마량 등을 생각할 수 있는데, 그 개선 방법에 대해서는 향후 검토 사항이기도 하다.

4.6.3 세로 측정을 위한 고조파 설계

세로 측정 전에 계산을 수행하여 알아둘 필요가 있는 설계치로서, 목표로 하는 가속 전기장을 달성하기 위해 필요한 고조파 전력, 끝부분 플랜지 면에서의 고조파 손실, 세로 측정용 입력 포트의 안테나 위치와 그 외부 Q값 등이 있다.

1) 필요한 고조파 전력

가속 전기장(E_{acc})은 9셀 가속관의 가속 모드 임피던스 R/Q(식 4-10)를 이용하여

$$E_{acc} = \frac{\sqrt{R/Q}}{L_{cavity}} \sqrt{P_o Q_o} \tag{4-34}$$

로 주어지며, 가속관 손실(P_o)을 파라미터로 한 가속 전기장과 가속관의 Q_o값과의 관계가 그림 4-47에 나타나 있다. 35 MV/m의 가속 전기장을 5×10^9의 Q_o값으로 달성할 때의

가속관 손실은 약 250 W이며, 고조파 증폭기에서 가속관 입력 포트까지의 고조파 케이블에서 손실 (약 10~15%) 등을 고려하여 300 W 정도의 고조파 전력이 세로 측정에 필요하다.

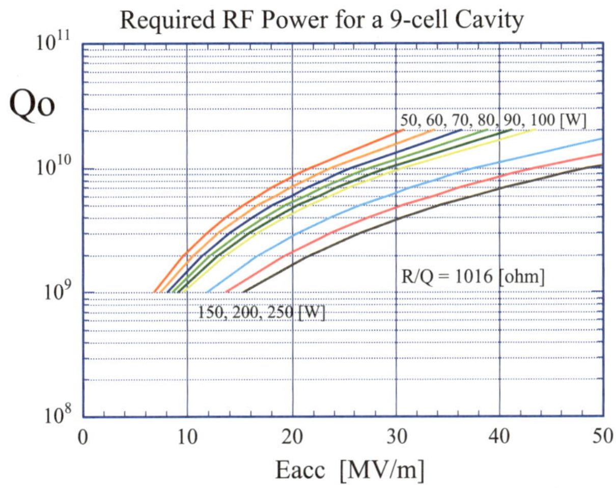

그림 4-47 가속 전기장과 가속관 손실간의 관계

2) 끝부분판 플랜지에서 고조파 손실

세로 측정에서 양측 빔 파이프 끝부분판은 스테인리스로 제작한 플랜지와 접합되며 그 내면에서는 고조파 손실이 발생하므로 외관상 가속관의 잔류 저항값을 증가시켜 달성되는 Q_o값을 저하시키게 되므로 주의를 요한다. 이 영향으로 인한 잔류 저항의 증가분 ΔR_{res}은 식 (4-7)에서

$$\Delta R_{res} = \frac{G}{Q_{end}} = G\frac{P_{end}}{wW} \tag{4-35}$$

을 이용하여 평가를 할 수 있다. 여기서 끝부분판에서 고조파 손실(P_{end})은 저온에서의 스테인레스의 고조파 표면 저항으로부터 SUPERFISH 등의 해석 코드를 이용해 계산할 수 있다.

STF 가속관의 양측 빔 파이프 길이는, 인력측이 120 mm, 모니터 측이 100 mm이며 잔류 저항의 증가분으로서 각각 1 $n\Omega$ 및 7 $n\Omega$의 계산 결과를 얻을 수 있었다. 따라서 모니터측 끝부분판 플랜지에 대해서는 그 잔류 저항을 줄이기 위해 단면이 20 mm 더

멀어지는 오목형 플랜지면을 이용함으로써 대응하고 있다. 이 대책에 의해 잔류 저항의 증가분은 양단에서 약 2 $n\Omega$가 될 것으로 예상되어 잔류 저항 약 10 $n\Omega$의 20% 정도로 영향을 작게 할 수 있게 된다.

3) 입력 포트 안테나 위치와 구동범위

세로 측정에서 4.2 K부터 2 K로의 온도변화에 있어서, 식 (4-3)에 나타나듯이 BCS 저항의 온도 의존성에 의해 Q_o값은 ~10^8부터 ~10^{10}으로 두 자릿수 커진다. 따라서, 가속관의 Q_o값과의 매칭을 취하기 위해 세로 측정용 인력 커플러의 결합도를 가변으로 하는 것이 필요하다.

고조파 입력 결합기의 경우와 같은 방법을 이용하여 그림 4-48에 나타낸 바와 같이 이 모델 가속관에 대해 안테나 위치와 외부 Q값과의 관계 계산 결과를 나타낸다. 구동범위으로서는 15 mm 정도면 충분하며, 얻어진 안테나 앞부분 위치를 고려하여 요구되는 세로 측정용 입력 포트의 Nb로 제작된 안테나 길이를 결정할 수 있다.

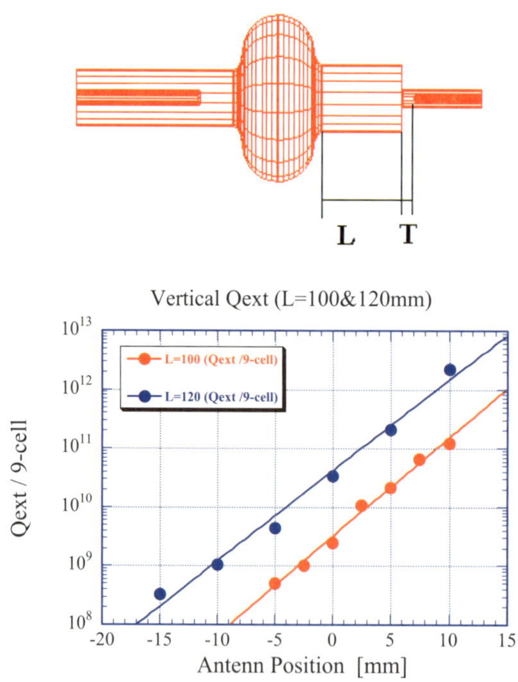

그림 4-48 세로 측정용 입력 포트의 모델 가속관(위) 및 안테나 위치와 외부 Q값간의 관계(아래)

4.7 고조파 입력 결합기

4.7.1 고조파 입력 결합기의 구성

고조파 입력 결합기는 저온부 동축 커플러, 상온부 동축 커플러 및 동축 도파관 변환기로 구성되어 있으며 입력 결합기 제작 완성 후에는 저 전력에 의한 각 구성부품의 고조파 특성 측정 및 대전력 펄스 고조파원 시스템을 이용한 대전력 시험 장치에서 고조파 테스트가 수행된다. TESLA 가속관용 고조파 입력 결합기는 그림 4-49에 나타낸다. 또한, STF 가속관용 고조파 입력 결합기의 개념도를 그림 4-50에 나타내며 그 기본 사양을 표 4-8에 정리하고 있다. 여기서는 고조파 입력 결합기의 고조파 설계 및 제작, 고조파 측정에 대한 설명을 한다.

4.7.2 STF 가속관용 입력 결합기

STF용 입력 결합기에서는 TESLA용 입력 결합기와 같이 결합도를 가변하게 하는 기구는 없고, 구조를 간략화하고 비용을 저감하기 위해 결합도를 고정으로 하고 있다. 진공 창에는 지금까지의 사용 경험이나 실적이 있는 TRISTAN 형태의 동축 원판형 세라믹스 창이 저온부와 상온부 양쪽에 이용되고 있다.

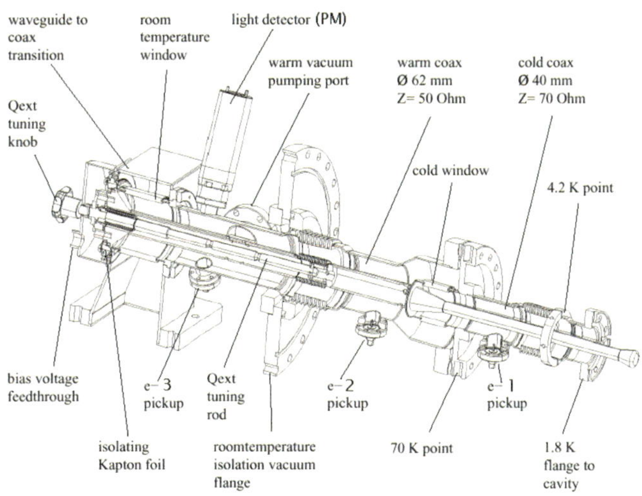

그림 4-49 TESLA 가속관용 고조파 입력 결합기(TTF-III 타입) [5]

저온부 커플러는 청정실 내에서 가속관으로 부착되어 가속관 진공과 동일한 환경이 되므로 내면의 청정화가 중요하다. 상온부 커플러는 저온 유지장치 외부로부터 접속되고, 상온창과 저온 창 사이의 동축부 및 내부도체 내부는 별도 계통으로 진공 배기된다. 냉각시 열 수축에 의한 변형 응력을 완화하기 위하여 상온부 내외도체의 2개소에 벨로우즈가 삽입되어 있다. 계측용으로서 아크센서 및 방출 전자 검출 프로브용 포트가 장착되어 있다.

초크 구조를 가진 고조파 창 및 각 동축부는 50 W으로 매칭을 취할 수 있는 형상 사이즈에 최적화되어, 손잡이형 동축 도파관 변환기를 이용하여 대전력 고조파 시스템에 접속한다. 외부로부터 열 침입을 방지하기 위해 저온창을 80 K로, 가속관 포트와의 접속 플랜지를

표 4-8 고조파 입력 결합기의 기본 사양

주 파 수	1.3 GHz
펄 스 운 전	1.5 ms, 5 Hz
빔 전 류	10 mA
운전 가속 전기장	31.5 MV/m
입력 고조파 전력	350 kW
외부 Q값	2.0×10^6

표 4-9 열 침입의 계산 결과

	80 K	5 K	2 K
정적 손실 [W]	5.0	1.1	0.05
동적 손실 [W]	3.0	0.2	0.03

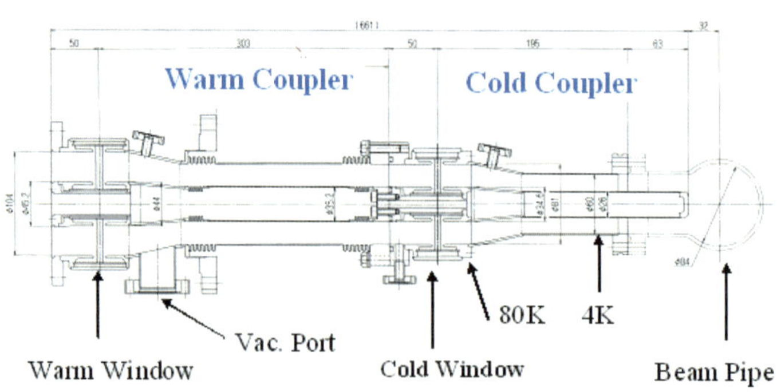

그림 4-50 STF 가속관용 고조파 입력 결합기의 개념도

5 K로 냉각한다. 이 열 침입의 계산 결과를 표 4-9에 나타낸다. 판 두께 1 mm의 스테인레스에 5 mm의 얇은막 구리 도금에서 이루어진 저온부 외부로부터 5 K로의 열전도 부하(Static loss)가 1.1 W로 되어서 350 kW 입력 시 고조파 손실(Dynamic loss) 0.2 W보다 커졌기 때문에 이 부분에는 개선의 여지가 남아 있다.

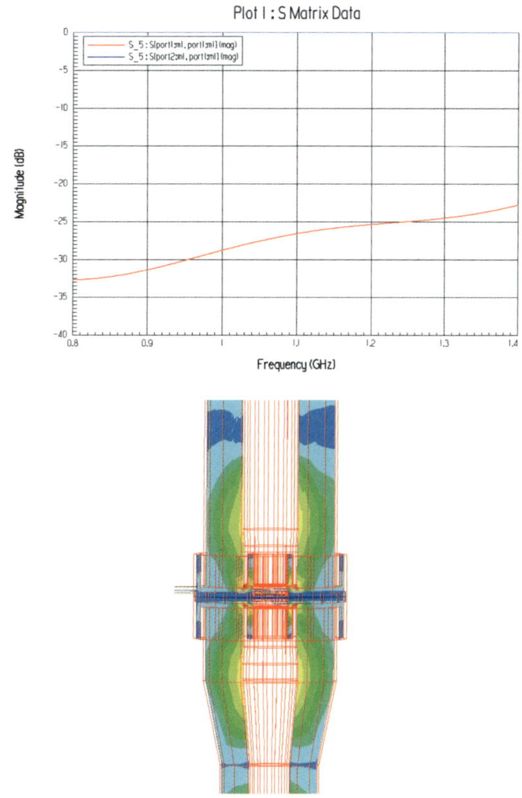

그림 4-51 저온 창의 S11의 주파수 특성

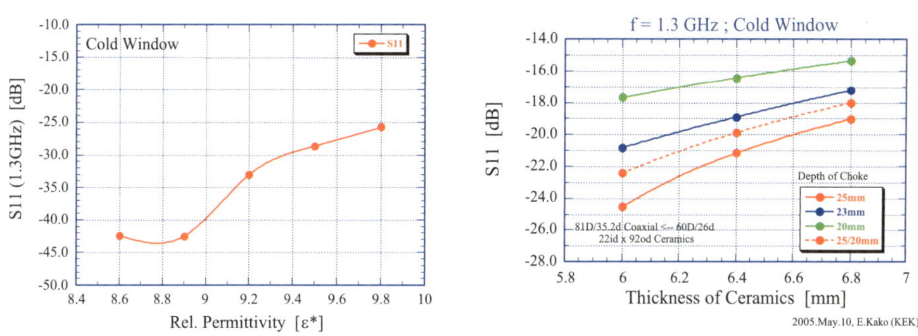

그림 4-52 저온 창의 세라믹스의 두께와 S11의 관계(우) 및 세라믹스의 유전율과 S11의 관계(좌)

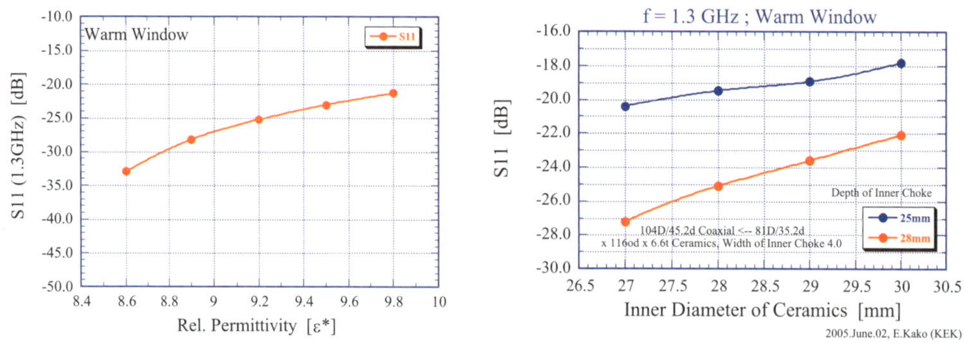

그림 4-53 상온 창의 세라믹스의 내경과 S11의 관계(우) 및 세라믹스의 유전율과 S11의 관계(좌)

4.7.3 고조파 창

고조파 창에는 순도 95 %의 알루미나제 세라믹스(HA 95)가 이용되고 내외 동축부에는 매칭을 취하기 위해 초크 구조로 되어 있다. 80 K의 저온에서 사용되기 때문에 세라믹스 단독으로 액체 질소를 이용한 열 충격의 열 사이클 시험을 실시한 후 진공면이 되는 표면에 TiN 코팅을 수행한다. 고조파 창의 구조를 결정하는 주요 파라미터로는 세라믹스 두께·내경·외경, 초크 앞부분과 세라믹스 표면과의 틈 간격, 초크 깊이 등이 중요한 치수 사이즈이며 HFSS를 이용하여 최적화된다. 제작 형상에서의 저온 창의 전기장 분포와 주파수 특성을 그림 4-51에 나타낸다. 대표적으로 저온 창의 세라믹스 두께 및 세라믹스의 비유전율을 파라미터로 했을 때의 계산 결과를 그림 4-52에 나타내고, 상온 창의 내경 및 비유전율을 파라미터로 하는 계산 결과를 그림 4-53에 나타낸다. 여기서 세라믹스는 기계적 강도와 금속화 면적 확보에서 두꺼운 것이 바람직하지만 주파수 특성에서는 얇은 것이 좋다.

또한 세라믹스의 내경에 대해서는 작게 하면 고조파 특성이 좋아지지만, 내도체와의 접합면에서의 전기장 강도가 커진다. 특히, 상온 창에 대해서는 저온부 내도체와의 접합하는 나사 고정을 상온부 내도체 내부에 공구를 삽입하여 수행하여야 하므로 가능한 한 넓히고 싶다. 초크부의 깊이에 대해서는 깊게 하면 고조파 특성이 좋아지지만, 창 부위가 길어지는 등 여러 요인을 고려한 후 종합적으로 판단하여 형상을 결정해야 한다. 여기서 이용하는 세라믹스의 비유전율에 대해서는 8.8~9.2 정도이지만, 또한 99.7 % 이상의 고순도 세라믹스에서는 약 10으로 커진다. 최종적으로 저온 창용 세라믹스(6.2 t, 외경 92 mm, 내경 22 mm) 및 상온용 세라믹스(6.6 t, 외경 116 mm, 내경 30 mm)가 제작되어 초크 앞부분과의 틈간의 전기장 강도를 낮추기 위해 그 간격을 3 mm로 한 설계를 실시했다.

고조파 창의 브레이징은 2단계로 이루어지며, 우선 고온에서 세라믹스의 내경부와 외경부에 얇은 구리 원통과의 접합을 수행한 후 초크부를 포함하는 반도체와 외도체 동축부의 최종 브레이징이 이루어진다. 제작 완성 후에는 청정실 내에서의 초순수에 의한 세척 및 건조가 이루어져 각 구성 부품과의 조립이 이루어진다.

4.7.4 손잡이형 동축 도파관 변환기

손잡이형 동축 도파관 변환기는 고조파원에서 도파관을 통해 공급되는 고조파(TE01모드)를 입력 결합기의 동축 모드(TEM 모드)로 모드 변환하기 위한 기기이다. 그림 4-54에 손잡이 변환기의 계산 모델을 나타낸다. 매칭 조건을 얻기 위한 주요 파라미터로는 손잡이부 본체의 반경(R)과 높이(H) 및 도파관의 폭(W)과 단락판의 위치(D)이다. TE 모드에서 TEM 모드로의 변환이 일시적인 장소에 상온창이 설치되므로 상온 창을 포함한 손잡이 변환기의 설계를 수행하는 것이 중요하며, 그림 4-55에 제작 형상에서의 전기장 강도 분포와 주파수 특성을 나타낸다. 각 치수 파라미터의 변화에 대한 S11의 의존성이 그림 4-56에 나타나 있으며, 제작 오차로 인한 고조파 특성 허용 민감도에 대해 0.5 mm 정도의 제작 정밀도가 있으면 충분함을 알 수 있다.

손잡이형 동축 도파관 변환기를 포함하는 고조파 입력 결합기 전체에서의 전기장 강도 분포 및 주파수 특성 계산 결과는 그림 4-57에 나타낸다. 350 kW 투입 시에는 최대 전기장 강도로서 770 kV/mm로 평가된다. 대전력 사양이므로 볼트에 의한 접합부에서는 충분한 접촉 압력을 얻을 수 있어야 하며, 청정하고 매끄러운 표면 마감이 필요하다. 세라믹스 파손 등으로 인한 대량 진공 문제에 만일의 경우를 대비하여 테프론제의 백업링을 손잡이 변환기와 상온창 접합부에 삽입해 두면 피해를 줄일 수 있다.

또한 상온창의 내부 도체와 구리로 제작한 손잡이부를 접합했을 때에 제작 오차로 인해 생기는 불필요한 응력을 세라믹스에 가하지 않도록 손잡이 본체는 얇은 구리판(두께 1 mm 이하)으로부터 스피닝 가공으로 제작하여 변형되기 쉬운 구조로 해 두는 것이 중요하다.

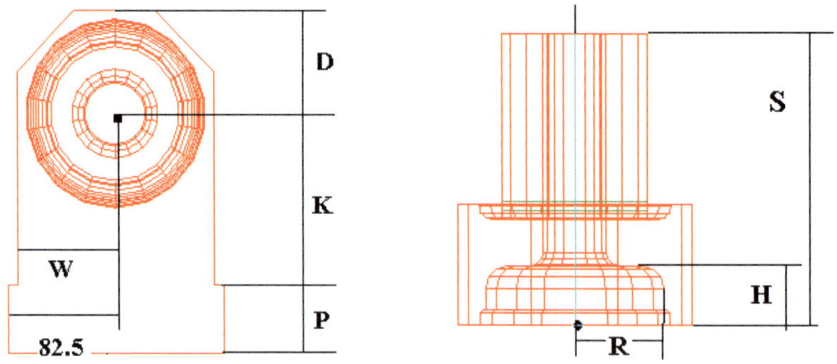

그림 4-54 손잡이 변환기의 계산 모델

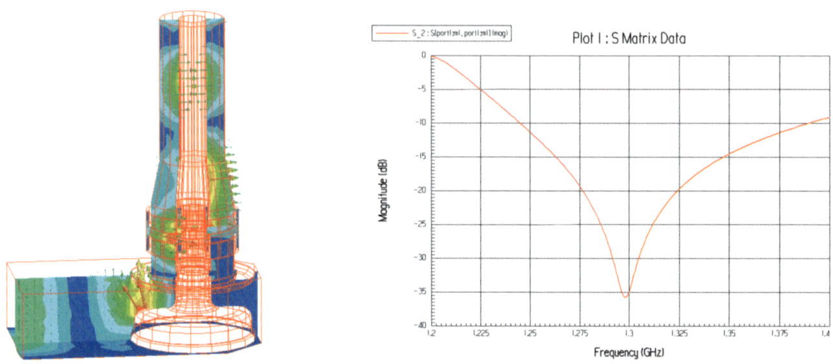

그림 4-55 상온 창을 부착한 손잡이 변환기의 전기장 강도 분포 (좌)와 S11의 주파수 특성(우)

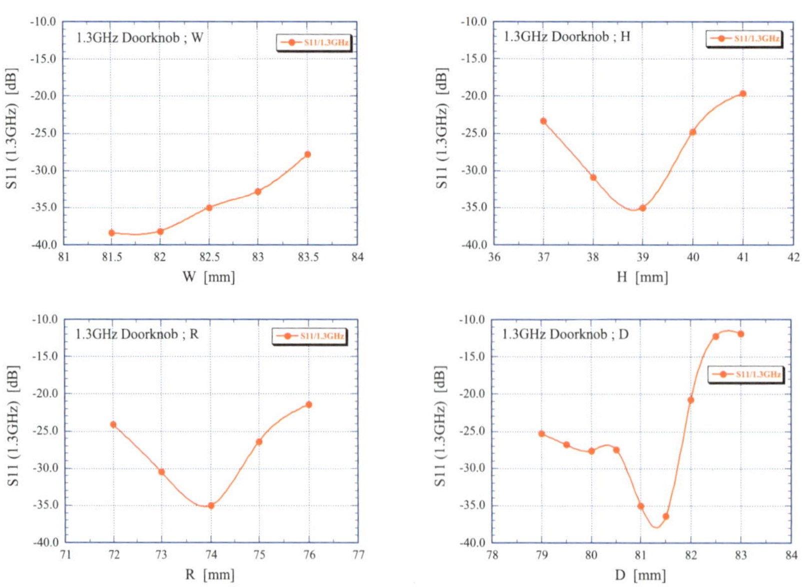

그림 4-56 상온 창을 장착한 손잡이 변환기의 각 치수 파라미터 변화에 대한 S11 의존성

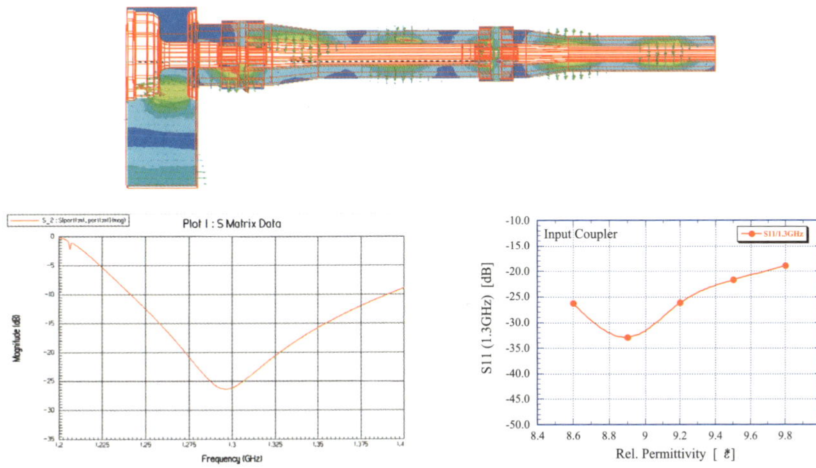

그림 4-57 입력 결합기 전체에서의 전기장 강도 분포(위), S11의 주파수 특성(아래, 좌) 및 비유전율과 S11과의 관계(아래, 우)

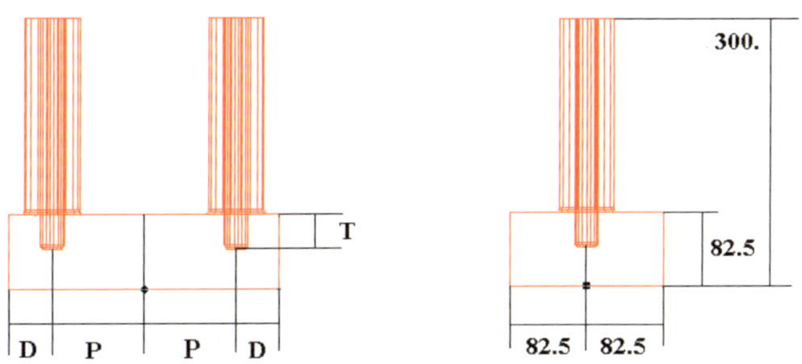

그림 4-58 결합 도파관의 계산 모델

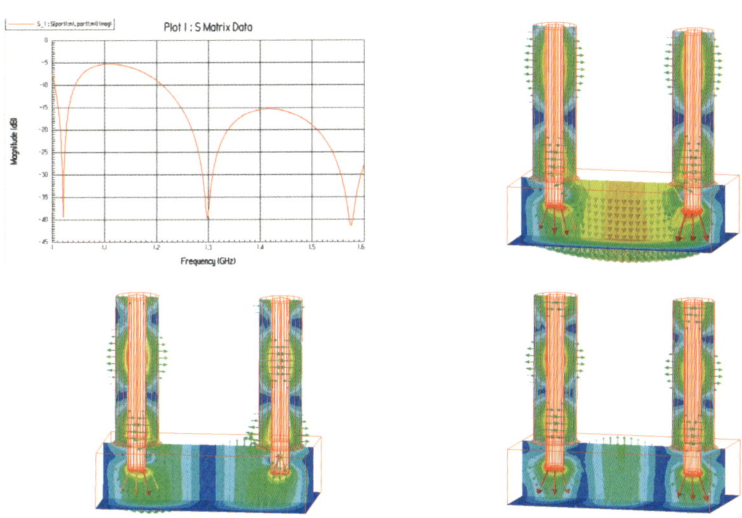

그림 4-59 결합 도파관의 S11의 주파수 특성, 1차 모드(1.02GHz), 2차 모드(1.3 GHz), 3차 모드(1.58GHz)

4.7.5 결합 도파관

결합 도파관은 입력 결합기의 대전력 시험을 수행하기 위한 내면을 구리 도금한 스테인리스 진공 용기로서, 2개의 저온부 커플러가 부착된다. 중앙부는 플랜지 접합되고 봉인 재료로는 인듐 와이어가 이용된다. 진공 배기용 포트나 내부를 관측하기 위한 검사창용 포트가 설치된다. 그림 4-58에 나타내는 계산 모델을 이용하여 각 치수의 최적화 형상이 요구된다. 여기에서는 그림 4-59에 나타나듯이 2차 모드를 이용하여 1.3 GHz로 매칭을 취할 수 있도록 조정되어 있다. 최종적으로는 그림 4-60과 같이 저온부 고조파 창까지를 포함한 계산을 실시하여 커플러간 거리(P), 단락판 위치(D), 안테나 돌출 위치(T)가 결정되었다.

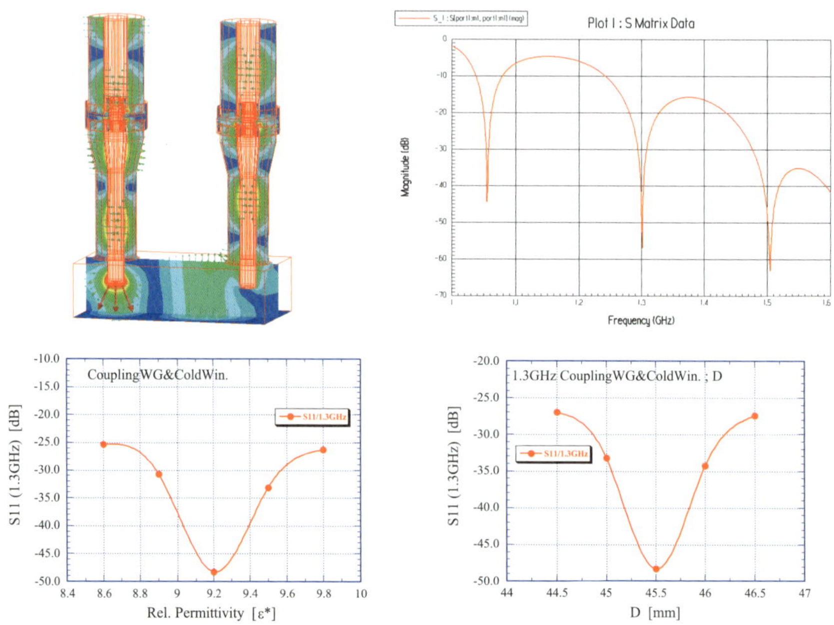

그림 4-60 저온부 커플러를 조립한 결합 도파관의 각종 고조파 특성

4.7.6 입력 결합기의 고조파 측정

제작된 고조파 입력 결합기의 각 구성부품은 개별별로 고조파 특성 측정이 이루어졌으며 설계시 계산 결과와의 비교 확인이 이루어졌다. 특히 손잡이형 동축 도파관 변환기에 대해서는 그림 4-61과 같이 단락판 위치를 가변하게 하여 고조파 특성을 측정하고 최적의 위치로 조정을 수행한 후 용접에 의해 고정되었다.

고조파 입력 결합기는 그림 4-62에 도시된 바와 같이 대전력 시험용 장치에 조립되어 최종적으로 전체 시스템으로서의 주파수 특성의 측정이 이루어지며, 1.3 GHz 에서 운전시는 반사 전력이 입사 전력의 1 %정도가 되는 것을 확인하였다.

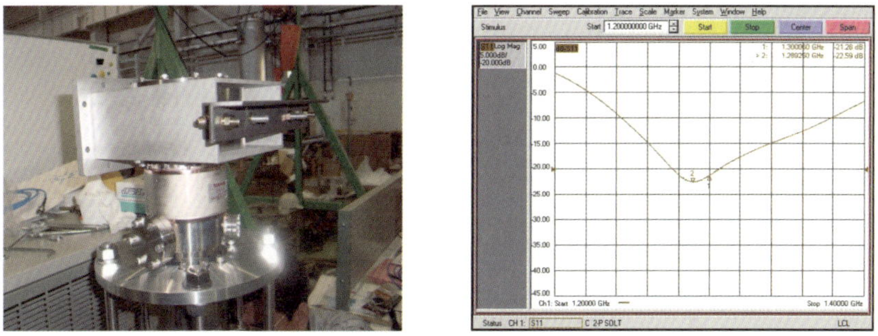

그림 4-61 문고리 단락판 위치 조정을 통한 주파수 특성 측정
(1.3 GHz에서 S11: −21.3dB)

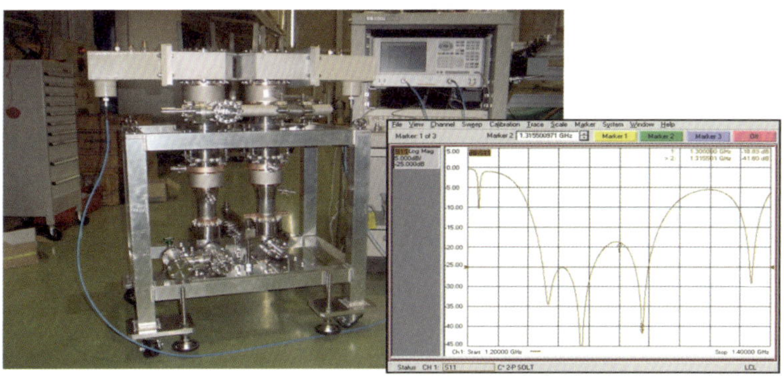

그림 4-62 입력 결합기의 대전력 시험 장치 조립시 주파수 특성 측정
(1.3 GHz에서 S11 = −18.8 dB)

4.8 고조파 출력 결합기

4.8.1 TESLA 가속관 HOM 커플러

TESLA 가속관에 이용되고 있는 두 종류의 HOM 커플러를 그림 4-63에 나타낸다. 가속관

개발 초기 단계에서 두 종류가 제작되어 시험이 이루어졌으나 현재는 모든 TESLA 가속관에서 용접 타입이 이용되고 있다. 용접 종류는 구조가 간단하고 노치 주파수 조정을 상부의 틈을 변형시켜 용이하게 수행할 수 있으며, 가속관 표면 처리시 동시에 청정하게 할 수 있는 등의 이점이 있다.

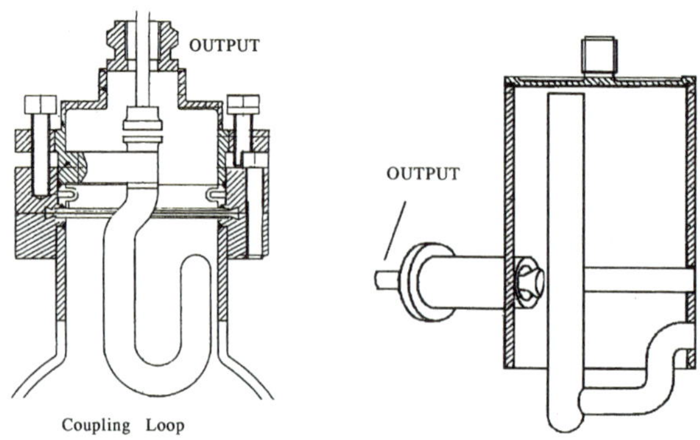

그림 4-63 장착형 (좌)과 용접형(우)의 TESLA 가속관용 HOM 커플러 [6]

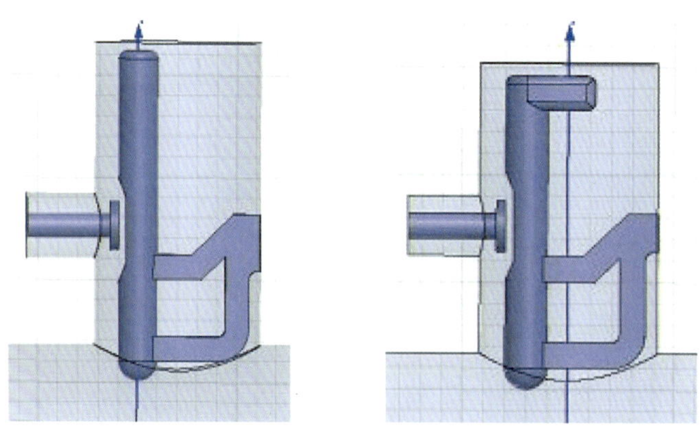

그림 4-64 I 형(좌)과 L형(우)의 STF 가속관용 HOM 커플러

4.8.2 STF 가속관용 HOM 커플러

STF 가속관용으로 개발된 HOM 커플러를 그림 4-64에 나타낸다. 두 종류의 HOM 커플러는 양단의 빔 파이프에 상부를 기준으로 각각 110° 기울어진 방향으로 용접된다. I 타입의 구조는 TESLA 가속관용 용접 타입과 유사하나 내부 안테나를 고정하는 용접이 한곳으로 정리되어 제조 공정이 간략화 되었다. L 타입에 대해서는 티타늄으로 만든 헬륨 자켓의

몸체 실린더를 가속관에 장착할 때 높이 제한으로부터, 안테나를 L자형으로 구부림으로써 HOM 커플러 전체를 짧게 하는 것이 고안되었다. I 타입과 L 타입의 6 GHz까지의 광대역 주파수 특성 계산과 측정 결과는 그림 4-65에 나타내고 있다. 두 종류에서 두 번째 스톱밴드가, 4 GHz와 4.5 GHz에서 달라지는 것에 의해서, 이 주파수 영역을 서로 맞춰서 놓을 필요가 있다. 노치 주파수 조정은 TESLA용과 마찬가지로 상부 틈을 변형시켜 조정하고, 가속관의 전해 연마에 의한 영향이나 냉각에 의한 변화 등을 고려한 후 상온에서 목표 주파수에 맞추어 둘 필요가 있다. 그림 4-66은 노치 주파수 조정을 실시한 후 각각의 필터 특성을 나타낸다.

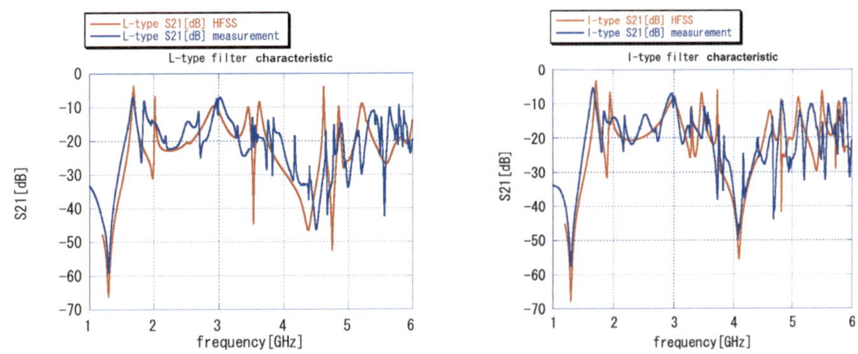

그림 4-65 I 형(좌)과 L 형(우)의 광대역 특성의 계산과 측정결과(1~6 GHz)

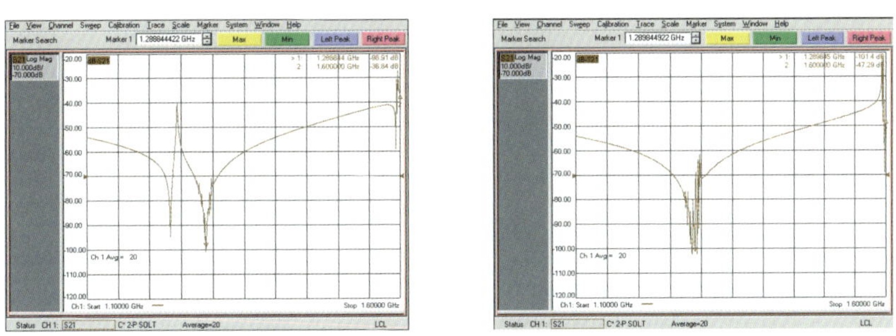

그림 4-66 I 형(좌)과 L 형(우)의 필터 특성에 있어서 조정후의 노치 주파수

4.8.3 안테나 주변의 전자기장 분포

HOM 커플러 내부 안테나 주변에 있어서 자기장 강도의 분포가 그림 4-67에 나타나 있다. 안테나를 고정하는 용접부 고정부 주변에서의 자기장 강도가 특히 크고 픽업 프로브

주변에서도 넓은 범위에서 자기장이 강한 것을 알 수 있다. 픽업 프로브의 안테나 앞부분에서의 자기장 강도는 계산 결과로부터 가속관내 최대 표면 자기장의 5 %정도로 평가되어 가속 전기장이 20 MV/m일 때에는 약 3300 A/m의 표면 전류가 안테나 앞부분에 존재하게 된다. 가속관의 세로 측정에 있어서, 이 Nb으로 제작된 픽업 프로브의 안테나 앞부분에서 발열을 원인으로 하는 수십 초의 느린 Q_o값 저하 현상 및 수십 분을 요하는 Q_o값 회복시간이 관측되어 안테나 앞부분이 열적으로 고립된 상태에 있어 충분한 냉각이 이루어지지 않은 것이 판명되었다. 듀티(duty)가 매우 작은 펄스 운전에서는 고 전기장이라도 문제가 되지 않는다고 생각되지만, 연속 운전을 상정할 경우에는 냉각 효율을 올리는 개선을 수행할 필요가 있다.

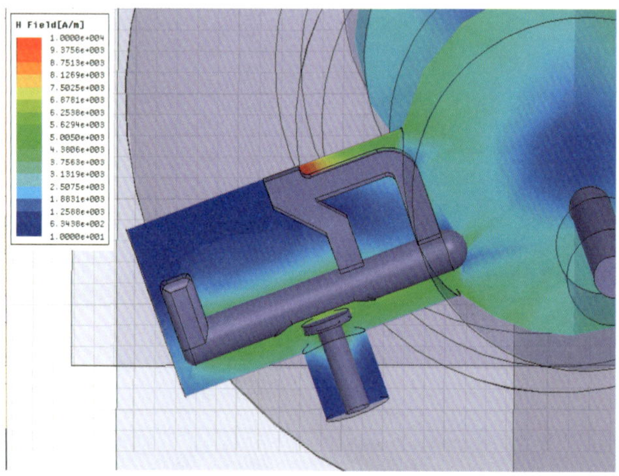

그림 4-67 안테나 주변의 전자기장 분포

4.9 주파수 튜너

4.9.1 주파수 튜너의 기능

주파수 튜너는 제작·조정의 오차 또는 운전 상황의 변화에 따른 주파수 변화를 원격 조정하기 위한 기기로서 일반적으로는 가속관의 부피를 바꾸는 방식이 취해진다. 가속관의 제작 방법, 형상, 설치의 요구 정밀도, 주파수에 대한 교란 성질 등을 고려하여 최적의 설계를 실시할 필요가 있다. ILC에서 가속관 운전의 특수성은 높은 전기장에서의 펄스 운전이며 순간적인 로렌츠 디튜닝의 보정이 튜너에 있어서 중요하다. 제안된 튜너 시스템은 모두 헬륨 자켓을 통해 빔 파이프 양단에 축방향의 힘을 전달하는 구조로 되어 있다. 가속관에 어느 정도의 당김력을 가한 상태에서 운전하기 위하여 오프셋용 주파수의 개략적인 조정을 행하는 펄스 모터에 의한 튜너 기구와, 펄스 운전에 있어서 로렌츠 힘에 의한 주파수 변화를 보정하기 위한 용도로 미세조정을 수행하는 피에조 스타크가 직렬로 배치된 구조로 되어 있다.

4.9.2 슬라이드 · 잭 튜너

STF 9셀 가속관의 총 길이 변화에 대한 주파수 변화의 의존성 측정 결과를 그림 4-68에 나타낸다. 그 민감도($\Delta f/\Delta L$)는 300 kHz/mm이며, 요구되는 1 MHz의 주파수 변화에 대해서 4 mm 정도의 구동범위가 필요하다.

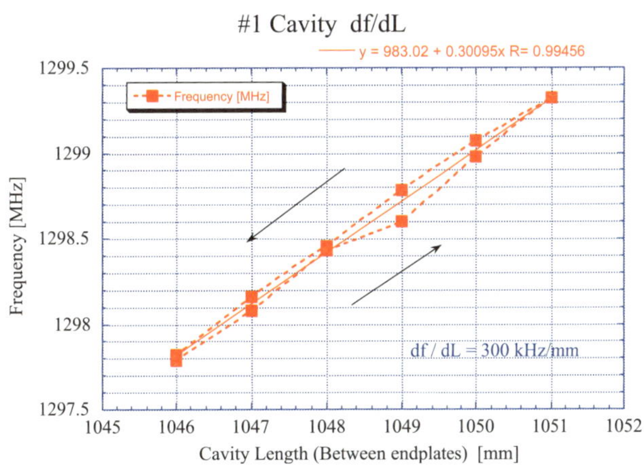

그림 4-68 가속관 전체 길이 변화에 대한 주파수 변화의 의존성

STF 가속관에 이용되는 슬라이드·잭 튜너의 정면도 및 측면도를 그림 4-69와 그림 4-70에 각각 나타낸다. 개략적인 조정용 펄스 모터는 교체가 용이하도록 진공 탱크 외측에, 미세 조정용 피에조 스타크는 입력 결합기 포트로부터 접근으로 교체 가능한 위치에 놓여 있다. 티타늄으로 만든 자켓 플랜지의 대각선에 놓인 1대의 슬라이드·잭은 진공탱크 외부에서 구동축으로 운전이 되며 쐐기형 롤러가 경사면으로 이동함으로써 가속관 중심축을 어긋

나지 않고 가속관 길이를 조정한다.

표 4-10은 슬라이드·잭 튜너의 기본 사양이다. 피에조 스타크는 상온에서 구동범위가 60 μm 인 것을 사용하지만 저온에서는 구동범위가 4~5 % 정도까지 저하되므로 주파수 변화로서 ~900 Hz 정도까지가 대응 가능해진다.

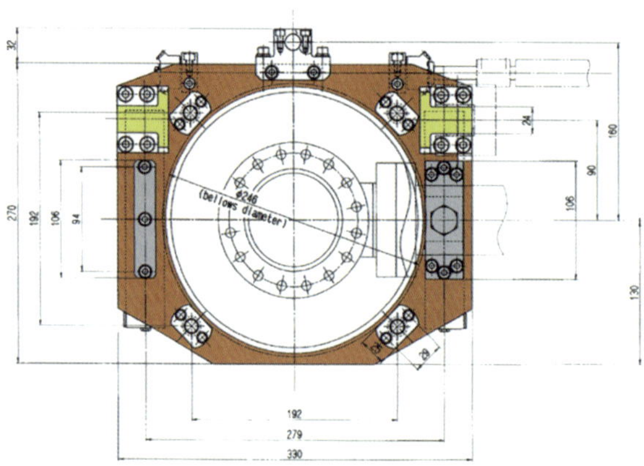

그림 4-69 슬라이드·잭 튜너의 정면도

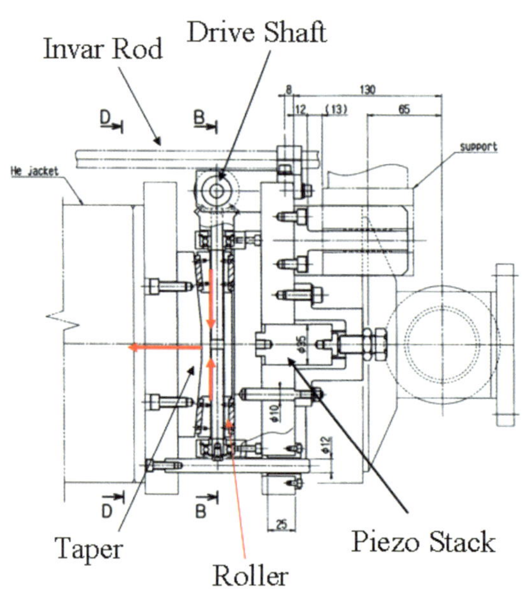

그림 4-70 슬라이드·잭 튜너의 측면도

표 4-10 슬라이드·잭 튜너의 사양

개략 조정	스테핑 모터
	sliding wedge : 2 구동 범위 〈 4 mm 분 해 능 〈 0.1 μm
미세 조정	**피에조 스타크**
	직 경 : 35 mm 길 이 : 78 mm 구동 범위 〉 3 μm (at 2 K) 분해능 〈 0.01 μm 최대 부하 : 3.5×10^4 N 강 도 : 4.0×10^5 N/mm

4.10 개발 현황

4.10.1 가속관의 성능 측정

2005년 4월부터 STF 초전도 가속관의 개발을 시작하여 현시점(2006년 7월)까지 4대 가속관 제작이 완료되어 3대 가속관에 대한 6회의 저온 성능시험(세로측정)이 실시되었다. 그 결과가 그림 4-71 및 그림 4-72에 나타내고 있다. 지금까지 달성된 3대의 가속관의

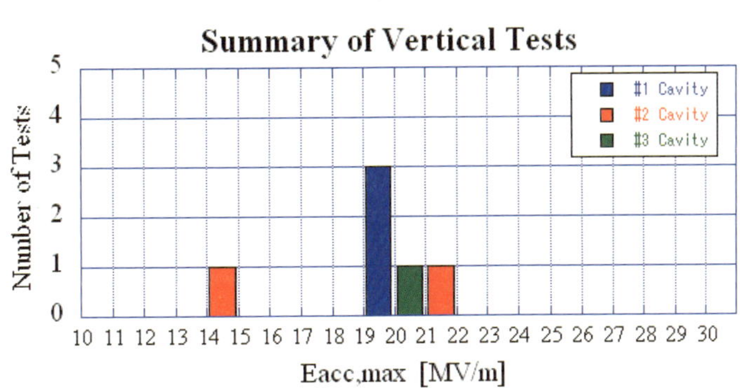

그림 4-71 3대의 가속관에 대한 6회의 저온 성능시험으로 달성된 최대 가속 전기장 세기($E_{acc,max}$)

최대 가속 전기장 세기는 20.5±1.0 MV/m이며 Q_o값은 ~2×10^{10}로서 가속관 중앙부 주변에서 일어나고 있는 멀티팩팅에 의해 제한되고 있다고 추측된다.

또한, 고조파 결합기의 출력 안테나 앞부분에서 발열에 의해 상전도로의 전이가 일어나 Q_o값이 저하되는 현상과 고조파 결합기 내부 갭에서 일어나는 멀티팩팅으로 인한 발열 등이 관측되었다. 향후 이들 가속관은 최종 표면 처리를 다시 하고 세로측정이 여러 차례 이뤄진 후 헬륨 탱크 자켓 장착, 그리고 저온 모듈에 설치할 예정이다.

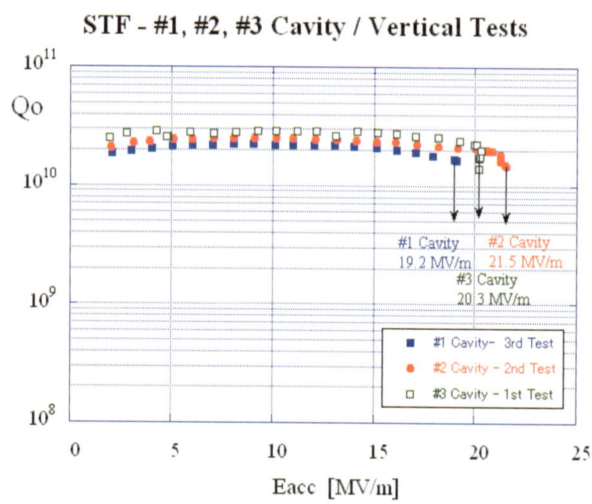

그림 4-72 3대의 가속관 저온 성능시험 : Q_o값과 가속 전기장 E_{acc}의 관계

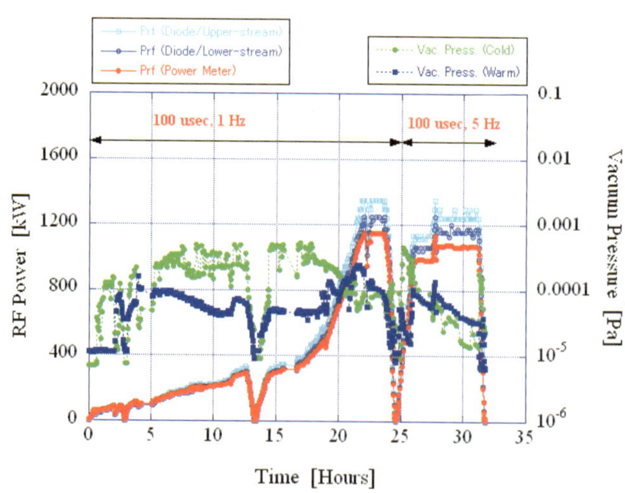

그림 4-73 입력 결합기의 고조파 길들이기

4.10.2 고조파 입력 결합기의 대전력 시험

고조파 입력 결합기의 각 구성 부품은 초순수에 의한 세정, 건조, 조립의 각 공정을 청정실 내에서 수행한 후 대전력 고조파원 시스템에 설치되었다. 첫번째 대전력 시험은 펄스폭 0.1 ms에 1 Hz의 펄스 운전으로 진행됐다. 진공도 악화가 저온부에서는 60 kW에서, 상온부에서는 80 kW로부터 관측되고, 또 동시에 방출 전자도 검출되었다. 대전력 시험에서의 고조파 테스트 과정의 모습은 그림 4-73에 나타낸다. 입사 전력이 300 kW까지 약 12 시간이 소요되고 그 후 약 10 시간에 걸쳐 1.2 MW까지의 고조파 실험이 이루어졌다. 향후 듀티를 증가시켜 펄스폭 1.5 ms 및 5 Hz로 1.5 MW까지의 대전력 시험이 실시되며, 저온 모듈에 장착할 준비를 완료한다.

4.10.3 고조파 출력 결합기의 외부 Q값

그림 4-74는 상온과 4.2 K에서의 고조파 모드 외부 Q값 측정 결과를 나타낸다. 쌍극 모드(TE111, TM110)의 대부분에서는 10^5 이하의 충분한 결합을 얻을 수 있지만 TM011 모드에서는 10^6 이상의 모드가 다수 보여서 개선이 필요한 것으로 나타났다. 이는 가속 모드와의 결합을 억제하기 위해 고조파 결합기의 안테나 루프 방향을 가속 모드의 자기장 방향과 평행하게 하고 있기 때문이며, 이를 약간 어긋나게 함으로써 TM111 모드와의 결합이 강해져 10^5 이하로 할 수 있을 것으로 예상된다.

4.10.4 저온 모듈의 조립

세로 측정에서 가속관 성능 확인후 저온 모듈에서 대전력 시험을 실시하기 까지는 다음 공정을 거쳐야 한다.

1. 헬륨 자켓을 용접하기 위해 세로 측정용 입력 커플러 부착 플랜지를 교환한다. 그 작업은 청정실 내에서, 가속관 내에 아르곤 가스를 충전하여 실시한다. 이때 가속관 내로 먼지에 의한 표면 오염의 위험성이 있다.
2. 헬륨 자켓 장착이 완료된 가속관 4대는 각 가속관간을 벨로우즈로 플랜지 접합으로 4대를 연결하고, 또한 각 가속관에 저온부 커플러를, 양단에 게이트 밸브를 부착한다.

이 작업도 상기와 같이 청정실내에서 이루어지며, 가속관내로 먼지에 의한 표면 오염의 위험성이 있다.

3. 4대로 연결된 가속관을 저온 유지 장치내에 삽입한후, 진공 배기 시스템과 연결되어 터널 내에 설치된다. 이 작업은 청정실 밖에서 진행되기 때문에 간이 청정실 등이 이용되지만 먼지에 의한 표면 오염의 위험성이 높은 작업이다. 세로 측정으로 달성된 가속관 성능을 저온 모듈 시험까지 유지하기 위해서는 각 조립 공정에서 청정 환경과 신뢰성 높은 조립 기술이 필수적이며, 가속관 성능의 향상과 마찬가지로 임해야 할 중요한 요소 기술이다.

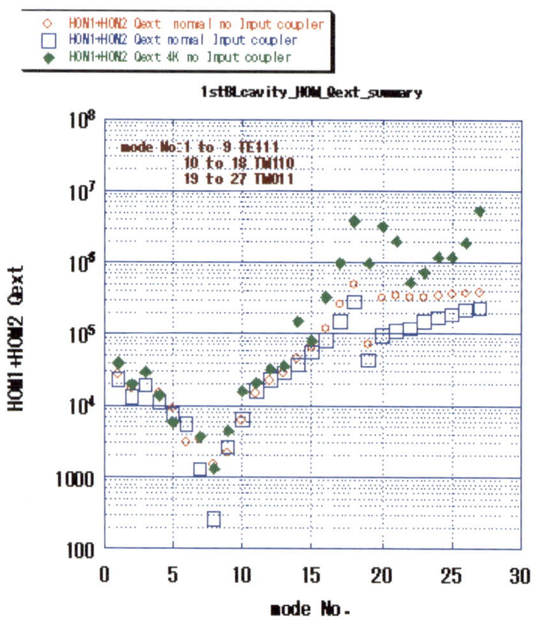

그림 4-74 상온 및 저온시 각 모드의 고조파 출력 결합기의 외부 Q값(TE111, TM110, TM011)

4.11 요 약

지금까지 STF 초전도 가속관 시스템을 개발하기 위한 각 구성 부품의 설계·제작은 거의 완료되었으며, 현재는 각 장치별로 성능 확인 시험을 진행하고 있는 상황이다. 향후 저온 모듈에 내장하고, 반년 후에는 터널 내에서 고 전기장 시험이 수행될 예정이다.

본 단원에서는 초전도 가속관의 고조파 설계에 주안점을 두었기 때문에 Nb 가속관 본체의 제작, 표면 처리 기술, 세로 측정의 성능 평가 등에 대해서는 자세히 언급하지 않았다. 그러나 본 교과서에서 설명한 초전도 가속관 시스템 전반에 걸친 개발 항목의 상세한 내용은 미래의 초전도 가속관을 응용하는 광범위한 가속기 개발에 유익한 자료가 될 것으로 생각된다.

4.12 참고 문헌

[1] M. Liepe, et al., "Dynamic Lorentz Force Compensation with a Fast Piezoelectric Tuner", Proc. of the 10th Workshop on RF Superconductivity, KEK, Tsukuba, Japan (2001) p.243.

[2] B. Aune, et al., "The Superconducting TESLA Cavities", Phys. Rev. ST-AB, 3(9), 092001.

[3] C. Pagani, et al., "The Fast Piezo-Blade Tuner for SCRF Resonators", Proc. of the 12th SRF Workshop, Cornell University, Ithaca, NW, USA (2005) Tup29.

[4] T. Tajima, et al., "Pre-timing of TRISTAN Superconducting RF Cavities", Proc. of the 4th SRF Workshop, KEK, Tsukuba, Japan (1989) p821.

[5] W-D. Moeller, "High Power Coupler for the TESLA Test Facility", Proc. of the 9th SRF Workshop, Santa Fe, NM, USA (1999) p577.

[6] J. Sekutowicz, "Higher Order Mode Coupler for TESLA, Proc. of the 6th SRF Workshop, CEBAF, Newport News, USA (1993) p426.

입자 가속기
초전도 고주파 시스템

초판 1쇄 인쇄 | 2024년 1월 25일
초판 1쇄 발행 | 2024년 1월 30일

지은이 | 카코 에이지
옮긴이 | 김은산
펴낸이 | 조승식
펴낸곳 | (주)도서출판 북스힐

등 록 | 1998년 7월 28일 제 22-457호
주 소 | 서울시 강북구 한천로 153길 17
전 화 | (02) 994-0071
팩 스 | (02) 994-0073

홈페이지 | www.bookshill.com
이메일 | bookshill@bookshill.com

정가 25,000원

ISBN 979-11-5971-571-6

Published by bookshill, Inc. Printed in Korea.